Benjamin Tillmann

UND IN FÜNF JAHREN MACH ICH RICHTIG KOHLE

Was man wissen muss, bevor man BWL studiert

BOOKS

Benjamin Tillmann

UND IN FÜNF JAHREN MACH ICH RICHTIG KOHLE

Was man wissen muss, bevor man **BWL** studiert

INHALTSVERZEICHNIS

DANK GEHT AN

meine Freundin Laura für ihre stetige Geduld und jederzeitige Unterstützung,

meinen Bruder Stefan für seine vermittelnde Art und die journalistisch wertvollen Hinweise,

meine Eltern und meine Schwester Mira, dafür dass sie mir während der Schreibphase unzählige Aufgaben abgenommen haben,

meine Lektorin Franziska für ihre Hartnäckigkeit,

Lina für ihre Rechercheunterstützung aus dem fernen Portugal,

Alex, Felix, Gregory, Hendrik, Klaus, Lu, Mira, Moritz, Monty, Olaf, Roland, Sarah und Tommy für hilfreiche und lustige Kommentare und ihre Einblicke in das Studentenleben,

und zuletzt an meine Weggefährten an der Uni Bayreuth, ohne die dieses Buch nie entstanden wäre.

1
EINLEITUNG

Du möchtest wissen, was Dich im BWL-Studium erwartet, welche Voraussetzungen Du mitbringen solltest und wie Du das Studium bestmöglich meisterst? Dann lohnt sich für Dich ein Blick in dieses Buch, denn es richtet sich an Abiturientinnen und Abiturienten, Studienanfängerinnen und Studienanfänger, die in Erwägung ziehen, ein Studium der Betriebswirtschaftslehre aufzunehmen.

Oder befindest Du Dich gerade mitten im BWL-Studium und freust Dich über den einen oder anderen Trick eines ehemaligen Studenten? Dann sei Dir die Lektüre dieses Buches ans Herz gelegt.

Hilfreich kann dieses Werk jedoch auch für diejenigen unter Euch sein, die BWLer[1] im Arbeitsumfeld oder Freundeskreis haben. BWLer versuchen immer, alles strategisch zu erklären und erwecken gern den Eindruck, sie säßen an den Schalthebeln der Macht. Gehen Dir diese Personen des Öfteren auf die Nerven? Dann kann dieses Buch eine Hilfe sein, um zu verstehen, was in den Menschen vorgeht, die sich für ein BWL-Studium entschieden haben.

Es gibt jede Menge Vorurteile über BWL und dieses Buch ist voll davon. Es ist die Sichtweise eines ehemaligen BWL-Studenten, wenn auch bereichert durch Gespräche mit vielen aktuellen und ehemaligen BWLern, die meinen beschränkten Horizont erweitert und so ihren Teil zum Entstehen dieses Buches beigetragen haben.

---

1 Aus Gründen der besseren Lesbarkeit des Textes wird auf die zusätzliche Nennung der weiblichen Form verzichtet. Es sind aber stets beide Geschlechter gemeint.

In erster Linie soll das Buch aber ein Ratgeber sein. Wie findest Du die richtige Hochschule? Welche Lerntricks bringen Dich am besten durchs Studium? Welche Charaktere begegnen Dir? Auf welche Studienatmosphäre solltest Du Dich einstellen? Und warum sind Praktika und Auslandssemester so wichtig, um am Ende ein gut ausgebildeter BWL-Absolvent zu sein?

Meine eigenen Studienerfahrungen haben mir bei der Erstellung des Buches natürlich geholfen. Vor allem aber war ein gewisser Abstand zur Studienzeit von Nutzen, um zu erkennen, welche Bestandteile des BWL-Studiums für den späteren Berufsweg besonders wichtig sind.

Ich wünsche viel Spaß beim Lesen!

2
DAS STUDIENFACH BWL

Aktuell sind weit über 200.000 Hochschüler in Deutschland im Fach BWL eingeschrieben und machen es damit zum beliebtesten Studienfach Deutschlands. Kaum einer aber studiert BWL, weil es ihn oder sie so sehr interessiert. BWL ist Mittel zum Zweck. Die Motive für ein BWL-Studium sind klar: ein hohes Gehalt und bessere Jobchancen – nachvollziehbare Kriterien. Ich will ehrlich sein, auch mich haben die guten Jobaussichten zum BWLer gemacht. Und ich kann sagen: Ich habe die Wahl bis heute nicht bereut.

2.1
WAS IST BETRIEBSWIRTSCHAFTSLEHRE ÜBERHAUPT?

Bevor in diesem Buch das Studium und seine Besonderheiten beschrieben werden sollen, möchte ich den Begriff Betriebswirtschaftslehre erst mal erklären. Schließlich solltest Du wissen, was Du studierst. Folgender Satz bringt es auf den Punkt: **»BETRIEBSWIRTSCHAFTSLEHRE IST DIE LEHRE DER FÜHRUNG UND ORGANISATION VON UNTERNEHMEN.«**[2]

---

2 www.betriebswirtschaftslehre.de (abgerufen 21. Februar 2013)

Dies klingt etwas hölzern, bröseln wir das Zitat daher in seine einzelnen Bestandteile auf:

LEHRE: Es ist kein Zufall, dass von Lehre und nicht von Wissenschaft die Rede ist; Kritiker halten die Betriebswirtschaftslehre für eine Schmalspurwissenschaft, die die Bezeichnung Wissenschaft nicht verdient hat. Tatsächlich geht es in den allermeisten Fällen nicht um bahnbrechende, wissenschaftliche Erkenntnisse, sondern schlicht darum den Studenten das nötige Handwerk zu lehren. BWLer konstruieren zwar keine Maschinen und erfinden keine Verfahren, dennoch sind sie oft das entscheidende Zahnrad des Erfolgs: Sie sorgen durch unternehmerische Führung und Organisation dafür, dass die Errungenschaften der Forschung eine breite Verteilung erlangen.

UNTERNEHMEN: Ein Unternehmen ist eine organisatorische Einheit zum Zwecke der Erstellung von Gütern oder Dienstleistungen. Ziel ist es, Waren oder Dienste anzubieten, die die Bedürfnisse von anderen Unternehmen oder Menschen abdecken. Eingenommenes Geld allein reicht jedoch nicht. Die Firma Henkel, zum Beispiel, möchte durch den Verkauf von Persil-Waschmitteln nicht nur Geld einnehmen, sondern damit Gewinne erzielen. Dafür bedarf es aber neben marktfähigen Produkten auch erfolgreicher Finanzierungs-, Führungs- und Organisationsformen.

FÜHRUNG: Der Begriff der Führung bedeutet »leiten« oder »in Bewegung setzen«. Es geht folglich darum, die Richtung eines Unternehmens zu bestimmen. Das BWL-Studium zeigt Dir die verschiedenen Bereiche auf, in denen Du Einfluss auf ein Unternehmen nehmen kannst, sei es auf die Produktion, die Finanzierung, auf die Mitarbeiter oder die Vermarktung der Produkte.

ORGANISATION: Ein Unternehmen muss in sich organisiert sein, um erfolgreich arbeiten zu können. Das BWL-Studium beantwortet unter anderem folgende Fragen: Wie kann ich ein Unternehmen strukturieren? Welche Zuständigkeiten sind sinnvoll und wie können die Arbeitsabläufe strukturiert sein?

2.2
WIE SCHWER IST DAS BWL-STUDIUM?

Auch ich habe vor meinem Studienstart häufiger zu hören bekommen, dass das BWL-Studium äußerst schwierig sei. Diese pauschale Aussage kann ich nicht unterschreiben. Der Schwierigkeitsgrad variiert von Universität zu Universität, von Fachhochschule zu Fachhochschule.

So soll der Prozentsatz an Einser-Examen ein Indikator sein. Es ist zwar richtig, dass Einser-Examen in BWL eher eine seltene Erscheinung sind. Richtig ist aber auch, dass sie in anderen Studiengängen zur Massenware geworden sind. Angehende Physiker starten zum Beispiel mit einer durchschnittlichen Uni-Abschlussnote von 1,5 ins Berufsleben. Physikgenie Albert Einstein, von den Prüfern seinerzeit mit »knapp gut« bewertet, wäre heute unter den Schlusslichtern seines Fachs.

Viele der Professoren halten ihr Fach für zu tiefgründig um es einer simplen Zahlenskala zu unterwerfen. Darüber hinaus wollen einige Professoren jungen Studenten mit mittelmäßigen Noten nicht die Berufschancen verbauen. Fächer wie Medizin, Jura und BWL widerstehen dagegen dem Trend und sorgen mit klar definierten Leistungsstandards und einem weitgehend anonymisierten Prüfungsverfahren für Notendisziplin. Die Abschlussnote sagt also wenig über den Schwierigkeitsgrad des Studiums aus.

Genauso werden Abbrecherquoten angeführt, wenn es um die Schwere des Studienfaches geht. Auch sie können aber nicht als Beweis herhalten, wenn auch die Abbrecherquote im Fach BWL überdurchschnittlich hoch ist. Diese hohen Prozentzahlen lassen sich einfach erklären: Ein großer Teil der Abbrecherquote resultiert daraus, dass viele Schulabgänger sich für ein BWL-Studium entscheiden, weil sie sich unsicher sind, was sie mit ihrer Zukunft überhaupt anfangen wollen. Aussagen wie »Mit BWL kannst Du später alles machen« und »Wer nichts wird, wird (Betriebs-)Wirt« spülen eine Vielzahl von Studienanfängern in die Hörsäle, die sich mit den Inhalten ihres Studiums im Vorhinein wenig oder gar nicht befasst haben. Auch die Abbrecherquote in einem Studiengang kann folglich kein Indikator für dessen Schwierigkeitsgrad sein.

Doch wie würde ich den Schwierigkeitsgrad von BWL bewerten? Eine Einschätzung ist kniffelig, denn bei der Beurteilung von Schwierigkeitsgraden unterschiedlicher Studienfächer spielen letztlich zu viele persönliche Faktoren eine Rolle. Es sind persönliche Vorlieben und individuelle Fähigkeiten, die für jeden Einzelnen ein Studium schwer oder einfach erscheinen lassen. Dennoch versuche ich mich an einer Verallgemeinerung und stufe das BWL-Studium als etwa mittelschwer ein. Gehen wir von dem deutschen Durchschnittsabiturienten aus, der durchschnittlich begabt, durchschnittlich fleißig und durchschnittlich ehrgeizig ist, so ist das BWL-Studium von diesem in der Regel gut zu bewältigen. Wie jedes andere Studium hat das Fach BWL aber ganz bestimmte Anforderungen, die es zu beachten gilt und die im Folgenden beschrieben werden.

2.3
WAS MUSST DU FÜR DAS BWL-STUDIUM MITBRINGEN? UND WAS MUSST DU ENTGEGEN ALLEN VORURTEILEN NICHT MITBRINGEN?

Bevor wir uns auf die BWL-spezifischen Anforderungen stürzen, sollen zwei grundlegende Dinge angesprochen werden, ohne die kein Studium funktioniert. Sie gelten sozusagen als K.-o.-Kriterien, dürften aber für jeden Studenten selbstverständlich und erfüllbar sein:

1) BEREITSCHAFT ZUM VERZICHT: Es wird im Studium Zeiten geben, in denen Du bis zum Morgengrauen feiern kannst. Es kommen aber auch Wochen auf Dich zu, in denen Dein Schreibtisch, Deine Bücher und Dein Kühlschrank zu Deinen einzigen Freunden zählen werden. Wenn Du nicht zwei Tage auf die drei großen Fs (Freunde, Feiern und den heißgeliebten Fernseher) verzichten kannst, bist Du im Studium fehl am Platz.

2) FLEISS: Wer sich selbst motivieren kann, hat die größte Hürde des Studiums bereits genommen. Das Studium verlangt in vielen Fällen von Dir, dass Du Deinen inneren Schweinehund überwindest. Fluchen gehört für Studenten zur Grundausstattung, genauso wie die gelegentliche Nachtschicht. Die Mehrheit der Studienabbrecher scheitert an mangelnder Selbstmotivation und fehlendem Fleiß, schiebt es jedoch mit Vorliebe auf Mathekram oder widrige Umstände bei der Prüfungsvorbereitung.

Diese Grundvoraussetzungen sind eine Sache, jedoch hat das BWL-Studium auch ganz besondere, studienspezifische Anforderungen. Vorweg: Von BWL-Studenten werden keine Wunderdinge erwartet. Ein außergewöhnlicher Intelligenzquotient ist genauso wenig vonnöten wie Detailkenntnisse der Wirtschaftsgeschichte der letzten zweihundert Jahre. Dennoch gibt es eine Reihe von Fähigkeiten und Charaktereigenschaften, die BWL-Studierende mitbringen sollten, um möglichst sorgenfrei durchs Studium zu kommen:

1. **EIN GUTES MATHEMATISCHES VERSTÄNDNIS:** Keine Sorge, es müssen nicht die 15 Punkte im Mathe-LK in Bayern sein. Weil so oft nach Punktegrenzen gefragt wird: Auch sieben bis neun Punkte im Fach Mathematik hindern einen nicht am erfolgreichen Bestehen. Aber: Wenn Du in der Schule eine Vollniete in Mathe warst oder bist und keine Motivation hast, dies zu ändern, solltest Du die Finger vom BWL-Studium lassen. Mathematik – als Einzelklausur und versteckt in verschiedensten Prüfungen wie Rechnungswesen oder Statistik – kann sehr schnell zum Stolperstein werden *(siehe auch Kapitel 7.3 – die ersten Semester)*.

2. **ENGLISCHKENNTNISSE:** Englisch wird in der Geschäftswelt immer mehr zur Standardsprache. Das kann man missbilligen, aber ändern können wir daran nicht viel. Im BWL-Studium ist die englische Sprache omnipräsent. Vorlesungen sind dabei weniger das Problem, denn aktuell werden nur die wenigsten Vorlesungen oder Seminare auf Englisch gehalten. Die Hürde stellt eher die Literatur dar, die fürs BWL-Studium unverzichtbar ist. Da die renommiertesten BWL-Forscher aus dem angelsächsischen Raum kommen, sind die relevanten Artikel und Bücher in Englisch verfasst. Fachbegriffe prägst Du Dir zwar schnell durch »Learning by Doing« ein. Aber: Ein gutes Englisch-Grundgerüst sollte bei der Masse an Stoff, die im Studium zu lesen ist, vorhanden sein. Falls nicht, plane am besten noch vor dem Studium einen Sprachurlaub ein!

3. **TEAMFÄHIGKEIT:** In der Schule wurde man zum Einzelkämpfer erzogen. Arbeiten in Gruppen wurde nur selten gefordert. Immer wurde suggeriert, dass es sinnlos sei, wenn die vermeintlich Schlauen ihre Energie investierten, um den vermeintlich Dümmeren etwas zu erklären. An der Hochschule ist das anders, denn Gruppenarbeit wird hier zu Recht gefordert *(siehe auch Kapitel 8 Das richtige Lernen)*. Du sitzt einen nicht unbedeutenden Teil Deiner Studienzeit in Lerngruppen zusammen oder bastelst im Team an Präsentationen. Deshalb sollte der Teamgedanke tief in Dir verankert sein. Du wirst feststellen, dass das gemeinsame Erarbeiten von Texten und Lösen von Klausuraufgaben alle in der Gruppe voranbringt. Denn das Zitat von Aristoteles gilt hier definitiv: **»Das Ganze ist mehr als die Summe seiner Teile.«**

4. **KOMMUNIKATIONSSTÄRKE:** Du wirst während Deines Studiums und vor allem später im Berufsleben viel präsentieren müssen, egal ob Du die Richtung Finanzen, Marketing oder Steuern einschlägst. Du solltest also keine Scheu haben, vor anderen zu reden. Wer gern mit dem Tankwart zum Small Talk ansetzt, wer Reden nicht nur als notwendiges Übel zum Äußern von Bedürfnissen versteht, der hat – zumindest was diesen Aspekt betrifft – mit der Studienwahl BWL ins Schwarze getroffen.

5. **EIN UNVERKRAMPFTES VERHÄLTNIS ZUM KAPI-TALISMUS:** Sind Gewinnstreben, ungerechte Güterverteilung und hohe Gehaltsdifferenzen zwischen Angestellten und Chef für Dich ein Graus? Dann solltest Du besser einen großen Bogen um das BWL-Studium machen. Zum einen wirst Du Dich theoretisch mit diesen Themen befassen müssen, zum anderen erlebst Du Kommilitonen, die genau in diesen Themenbereichen aufgehen. Du kannst versuchen, unsere kapitalistische Welt zu verändern, das BWL-Studium ist dafür aber nicht der passende Ort.

6. **SELBSTORGANISATION:** Ein BWL-Student – gerade an deutschen Universitäten – braucht viel Eigeninitiative. Aufgrund der Masse an Studierenden ist eine intensive Betreuung jedes Einzelnen heute nicht mehr möglich. Wochenpläne müssen selbst zusammengestellt und Informationen über Prüfungszeiten und -inhalte mühsam zusammengesucht werden. Wem dies nicht liegt und wer klar organisierte Studienverlaufspläne bevorzugt, muss dennoch nicht auf sein BWL-Studium verzichten. Fachhochschulen und private Hochschulen bieten gute Alternativen mit durchorganisierten Stundenplänen und kleineren Gruppen *(siehe auch Kapitel 4 Die Wahl der richtigen Hochschule)*.

7. EINSATZ AUSSERHALB DES STUDIUMS: Um am Arbeitsmarkt bestehen zu können, reicht ein abgeschlossenes BWL-Studium nicht mehr aus. Praktika sind heutzutage Pflicht, Auslandssemester beziehungsweise Auslandspraktika Standard. Stell Dich also besser darauf ein, dass Du die Semesterferien nicht am Badesee, sondern in klimatisierten Büros verbringen wirst, wo Du mit Kopieren, Analysieren und Auswerten beschäftigt sein wirst. Semesterferien sind keine Ferien; es ist die Zeit, das während der Vorlesungszeit theoretisch erworbene Wissen praktisch anzuwenden *(siehe auch Kapitel 10 Auslandssemester und Kapitel 11 Praktika).*

Nach dem Lesen der Anforderungen fragst Du Dich nun sicherlich, wo die klassischen Vorurteile geblieben sind: Was ist mit dem vermeintlichen Reichtum der BWL-Studenten und wo sind die Internet-Jungunternehmer geblieben, die angeblich die deutschen Hochschulen überfluten? Mit diesen Vorurteilen soll an dieser Stelle aufgeräumt werden. Denn es gibt auch vieles, das man als angehender BWL-Student nicht sein, haben oder können muss:

 DU MUSST KEIN KIND REICHER ELTERN SEIN: Das BWL-Studium ist nicht teurer als andere Studiengänge. Die Studiengebühren sind die gleichen, die Materialkosten sind ebenfalls vergleichbar. Auch die Preise auf BWLer-Studentenpartys bewegen sich in einem humanen Rahmen. Wundere Dich aber nicht, wenn in der verrauchten Studentenkneipe jemand eine Flasche Schampus bestellt. Ja, es gibt sie tatsächlich:

Jeder Studienjahrgang hat ein paar Superreiche vorzuweisen. Diese Spezies fährt im ersten Semester einen 7er-BMW, trägt eine Moncler-Winterjacke für sechshundert Euro und düst über Weihnachten nach Sankt Moritz zum Skifahren. Aber das sollte Dir egal sein. Das Geld kommt von Papa und Champagner wird in den Studentenbars der Republik ohnehin selten angeboten. Und überhaupt: Der Longdrink zum Studenten-Powerpreis von zwei Euro schmeckt sowieso besser als dieser Schaumwein.

⊘ **DU MUSST KEINE EIGENE FIRMA HABEN:** Unternehmer unter den Erstsemestern sind in Wirklichkeit eine absolute Seltenheit. Natürlich gibt es vereinzelt Jungunternehmer an der Uni. Die Studienwahl BWL ist für sie auch durchaus sinnvoll, denn das BWL-Studium hilft, betriebswirtschaftliche Gesamtzusammenhänge besser zu verstehen, wenn es um das Führen und Organisieren von Unternehmen geht. Aber Start-up-Gründer von Online-Kuscheltiershops oder McDöner-Ketten sind absolute Ausnahmen in der Studentenschaft. Das Gros der Kommilitonen kennt Firmengründer nur aus dem Fernsehen. Allerdings will nahezu jeder während des BWL-Studiums seine eigene Firma gründen und irgendwann Firmenchef werden.

⊘ **DU MUSST KEINEN PLAN HABEN, WIE DIE WIRT-SCHAFT FUNKTIONIERT**: Ich würde sogar noch weitergehen und behaupten, dass die wenigsten Studienanfänger im Fach BWL sich vor Studienbeginn überhaupt detailliert mit dem Thema Wirtschaft auseinandergesetzt haben. Nicht die Inhalte des Fachs, sondern die guten Berufsaussichten und hohen Gehälter spülen die zahlreichen Studenten an die Hochschulen. Das Interesse an wirtschaftlichen Themen kommt dann ganz von allein, je länger man sich mit dem Thema BWL im Studium befasst. Und wenn Dich auch nach Deinem Studium nur ein Bruchteil der Wirtschaftsnachrichten interessiert, ist das völlig in Ordnung. Denn wer sich später auf den Teilbereich Finanzen spezialisiert, muss nicht zwangsweise bei jedem Werbespot die versteckte Marketingbotschaft hinterfragen.

Wenn Du nun zum Schluss dieses Kapitels immer noch nicht weißt, ob BWL das richtige Studium für Dich ist und ob Du dieses Buch weiterlesen sollst, solltest Du eine Pause einlegen und das **BORAKEL** befragen. Das Online-Beratungstool der Ruhr-Universität Bochum ist ein kostenloser Selbsttest, dauert neunzig bis hundertzwanzig Minuten und gibt Auskunft, welche Berufsfelder am besten zu Dir passen.

www.ruhr-uni-bochum.de/borakel

Solltest Du die hundertzwanzig Minuten durchgehalten haben und sollte das Ergebnis immer noch BWL lauten, freu Dich und lies die kommenden Kapitel umso aufmerksamer.

3
DAS LIEBE GELD –
DIE FINANZIERUNG
DES STUDIUMS

Herzlichen Glückwunsch, Du hast Dich anscheinend entschieden, das Abenteuer BWL zu wagen. Bevor Du mit der Auswahl der Hochschule startest, sollest Du Dir bewusst sein, dass ein Studium teuer ist. Miete, Bücher, Semesterbeitrag, Lebensmittel, Kleidung und natürlich die lieben Freizeitaktivitäten fressen kräftig Kohle. Viele Studenten haben, gerade zum Ende des Monats, Geldsorgen.

Der gemeine BWL-Student soll diese Probleme angeblich nicht haben. Spendable Geldgeber in Form der Eltern, Großeltern oder des reichen Onkels aus Amerika überweisen den Gerüchten nach monatlich über Gebühr Geld auf das Konto des BWLers. Für einen Teil der BWLer mag dies stimmen. Die Zahl wohlhabender Studenten ist unter BWLern tatsächlich höher als bei den Naturwissenschaftlern oder Germanisten. Schließlich studieren in Deutschland immer noch viele Studenten das, was auch schon die Eltern studiert haben. So schicken viele gut situierte Diplom-Kaufmänner oder –frauen ihre Kinder zum BWL-Studium.

Der überwiegende Teil jedoch muss wie die Masse der Studenten jeden Cent umdrehen und sich gegebenenfalls etwas dazuverdienen. Doch wie viel Geld brauchst Du pro Monat?

Und wie kommst Du an ausreichend Geld, um Dir Dein Studium zu finanzieren? Antworten auf diese Fragen sowie einige konkrete Tipps findest Du auf den folgenden Seiten.

3.1
WIE VIEL GELD BRAUCHST DU MONATLICH FÜRS BWL-STUDIUM?

Wie bereits erwähnt ist BWL per se nicht teurer als andere Studiengänge. Und dennoch reicht ein klassisches Taschengeld zum Studieren nicht aus. Nach einer Erhebung des Deutschen Studentenwerks werden die Lebenshaltungskosten für einen Studenten im bundesweiten Schnitt auf 762 Euro pro Monat beziffert.

▶ **Monatliche Kosten**

Miete (inkl. Nebenkosten)	€ 281,–
Ernährung	€ 159,–
Kleidung	€ 51,–
Fahrtkosten (Auto / öffentliche Verkehrsmittel)	€ 81,–
Krankenversicherung	€ 59,–
Telefon / Internet / Rundfunk-TV-Gebühren	€ 35,–
Arbeitsmaterialien / Lernmittel (Bücher etc.)	€ 33,–
Freizeit, Kultur und Sport	€ 63,–
Summe	**€ 762,–**

Quelle: Isserstedt, Wolfgang u.a.: Die wirtschaftliche und soziale Lage der Studierenden in der Bundesrepublik 2009, S. 252

Bevor Du nun aber zu Deinen Eltern rennst und sie um monatliche 762 Euro anflehst, solltest Du lieber einen Puffer einrechnen. In diesen Kosten sind mögliche Studiengebühren nicht enthalten, auch wird der Faktor »Spaß« lediglich mit 63 Euro pro Monat eingerechnet.

Darüber hinaus stellt die Zahl den Bundesschnitt dar. Die Kosten – gerade für Wohnungen – variieren stark von Bundesland zu Bundesland und von Stadt zu Stadt. Studenten in den alten Bundesländern haben zum Beispiel im Schnitt um etwa einhundert Euro höhere Lebenshaltungskosten als Studenten in den neuen Bundesländern. Die teuersten Städte für Studenten sind Hamburg, München und Köln, in kleineren Städten im Osten wie Freiberg, Illmenau oder Zittau kommst Du am günstigsten weg. Wenn Du es genau wissen willst, findest Du auf der Webseite des Studentenmagazins Unicum ein detailliertes Ranking: **www.unicum. de/studienzeit/service/lebenskostenrechner**.

Kosten von siebenhundert bis eintausend Euro können die wenigsten Familien pro Monat aufwenden, um Tochter oder Sohn ein Studium zu finanzieren. Wenn Deine Eltern Dich nicht oder nur teilweise unterstützen können, musst Du die Flinte aber noch nicht ins Korn werfen. Schau Dich vielmehr nach den vielfältigen Möglichkeiten um, wie Du unabhängig von der Unterstützung der Eltern Geld auftreiben kannst. Selbst der Staat ist hier fleißig und hat zahlreiche Förderprogramme ins Leben gerufen.

3.2
WAS GIBT DER STAAT DAZU?
KINDERGELD, BAFÖG UND CO.

Man mag es kaum glauben, aber Vater Staat hilft. Um das BWL-Studium auch finanziell schwächer ausgestatteten (Fach-)Abiturienten zu ermöglichen, gibt der Staat mit mehreren Programmen etwas dazu. Zwar kannst Du auch dann nicht in Saus und Braus leben, aber so manche Geldsorgen dürften gelindert sein. Die wichtigsten Förderprogramme sind im Folgenden aufgeführt.

KINDERGELD

Auch wenn Du Dich nicht mehr so fühlst, Studenten sind Kinder, zumindest in der Definition der staatlichen Förderung Kindergeld. Deshalb können Deine Eltern für Dich, auch als Student und wenn Du noch keine 25 Jahre alt bist, Kindergeld beantragen. Das Geld steht jedem Kind unabhängig vom Einkommen der Eltern zu, auch der Vorstandsvorsitzende mit Millionengehalt kann also Kindergeld beantragen.

Das Geld muss nicht zwangsweise an Deine Eltern überwiesen werden, sondern kann auch direkt an Dich gezahlt werden. Ausgezahlt wird das Kindergeld monatlich, der Betrag variiert:

▶ Für das **erste** und **zweite Kind** gibt es jeweils **184 Euro,**
▶ für das **dritte Kind 190 Euro**
▶ ab dem **vierten Kind 215 Euro pro Monat.**

Die ersten 184 Euro wären also schon mal in der Tasche. Weitere Infos dazu findest Du auf der Seite des Ministeriums mit dem längsten Namen aller Ministerien, dem Ministerium für Familie, Senioren, Frauen und Jugend **www.bmfsfj.de**.

BAFÖG

BAföG, ist das nicht die Unterstützung für arme Langzeitstudenten? Können BWLer überhaupt BAföG beantragen? Das Programm ist eine gute Einrichtung und die Säule der Studentenförderung in Deutschland. Fast eine Million Schüler und Studenten in Deutschland bekommen aktuell BAföG. BAföG steht für Bundesausbildungsförderungsgesetz und hat das Ziel, die Chancengleichheit zu erhöhen und Schulabgänger einkommensschwächerer Schichten an die Hochschulen zu bringen.

Das Prinzip funktioniert folgendermaßen: Der Staat fördert Dich während des Studiums, wenn Du kein oder wenig Geld verdienst. Dafür musst Du fünfzig Prozent der Förderung nach Deinem Studium wieder zurückbezahlen. Um Unterstützung im Rahmen von BAföG aber überhaupt zu bekommen, sind strikte Voraussetzungen zu erfüllen:

Dein Einkommen beziehungsweise das Einkommen Deiner Eltern darf gewisse Sätze nicht übersteigen. Ob Dir BAföG zusteht, lässt sich über den BAföG-Rechner schnell ermitteln: **www.bafoeg-rechner.de**.

▶ Du musst Deinen Bachelor vor Vollendung des dreißigsten Lebensjahres beginnen.

▶ Du musst dauerhaft in Deutschland wohnen, BAföG steht also auch in Deutschland lebenden Ausländern zu.

▶ Du musst beweisen, dass das Studienziel auch erreicht werden soll. Dafür musst Du eine gewisse Anzahl von Punkten nach dem vierten, in Ausnahmefällen auch schon nach dem dritten Semester, nachweisen. Ansonsten hast Du keinen Anspruch mehr auf Förderung.

Erfüllst Du die Bedingungen, berechnet sich die BAföG-Förderung aus zwei Beträgen, dem Grundbedarf von 373 Euro pro Monat und der Wohnpauschale. Wenn Du allein wohnst, bekommst Du 224 Euro pro Monat; wohnst Du noch bei deinen Eltern, wird dies mit 49 Euro gefördert. Hinzu kommt der Versicherungszuschlag, falls Kranken- und Pflegeversicherung selbst gezahlt werden müssen.

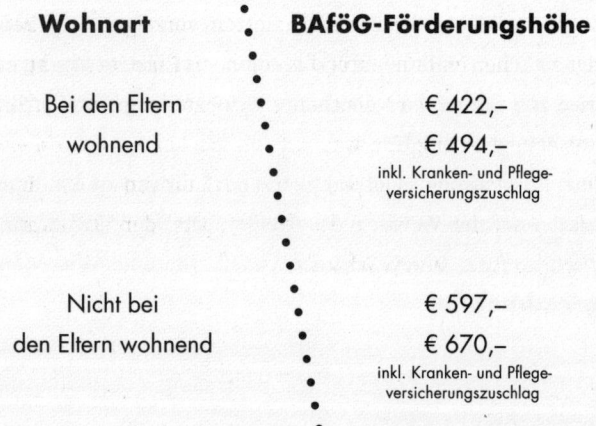

Wohnart	BAföG-Förderungshöhe
Bei den Eltern wohnend	€ 422,–
	€ 494,–
	inkl. Kranken- und Pflege-versicherungszuschlag
Nicht bei den Eltern wohnend	€ 597,–
	€ 670,–
	inkl. Kranken- und Pflege-versicherungszuschlag

Quelle: www.bafoeg.bmbf.de/de/375.php (abgerufen 21. Februar 2013)

Tipp: Informiere Dich umfassend und beantrage BAföG gegebenenfalls so früh wie möglich. Die Bearbeitungszeit bei der BAföG-Stelle kann bis zu sechs Monate dauern. Damit es jetzt aber nicht zu trocken wird und um zu verhindern, dass Du das Buch in die Ecke schmeißt, soll nun keine Anleitung zum Ausfüllen des BAföG-Antrags folgen. Unter **www.bafoeg. bmbf.de** findest Du alle Formblätter und Details zu Bemessungsgrenzen, Ausnahmen und Förderzeiträumen.

DER BILDUNGSKREDIT

BAföG allein wird nicht zur Finanzierung Deines BWL-Studiums ausreichen. Vom Staat gibt es deshalb das Angebot eines günstig verzinsten Darlehens. BWL-Bachelorstudenten können es ab dem dritten Semester beantragen. Zwei Semester nur in der Studentenkneipe abhängen und dann an günstiges Geld vom Staat kommen ist aber nicht möglich; für das Darlehen musst Du Leistungsnachweise aus den ersten beiden Semestern vorzeigen. Der Kredit beträgt zwischen einhundert und dreihundert Euro im Monat, hat niedrige Zinsen und wird maximal 24 Monate lang gezahlt. Eine Einmalzahlung ist möglich, was sinnvoll sein kann, wenn Du eine größere Anschaffung (Beispiel Computer) tätigen musst. Infos findest Du auf der Webseite des Kreditgebers, der Kreditanstalt für Wiederaufbau, **www.kfw.de**.

3.3
STIPENDIEN UND PRIVATE KREDITE – NUR ETWAS FÜR OBERSCHLAUE?

Nicht nur der Staat, auch die Privatwirtschaft ist in die Studentenförderung eingestiegen. Allerdings sind die Anforderungen höher, weshalb diese private Förderung oft als »Elitenkohle« verschrien wird. Doch keine Sorge, Du musst nicht Schweinchen Schlau mit einem Einser-Abi-Schnitt sein. Auch Aspekte wie Förderungsbedürftigkeit oder soziales Engagement können Gründe sein, Stipendien zu erhalten.

STIPENDIEN

Stipendien sind eine tolle Sache. Du erhältst Geld fürs Studium und musst nichts zurückzahlen. Verständlicherweise sind die Hürden hier besonders hoch und die Zahl an Stipendien begrenzt. Es finden sich zwar auch studienfachunabhängige Stipendien, teilweise werden aber ausschließlich BWL-Studenten oder gar nur Studenten bestimmter Hochschulen gefördert. Erkundige Dich genau, welche Förderangebote es für BWL an Deinem Studienort oder speziell an der von Dir anvisierten Hochschule gibt.

Auch die Vergabekriterien sind von Stipendium zu Stipendium unterschiedlich. Mal ist die Bedürftigkeit entscheidend, mal sind gute Leistung oder soziales Engagement das ausschlaggebende Kriterium. Vielfach sind alle drei Aspekte Grundvoraussetzung. Fast immer brauchst Du ein Motivations- und Empfehlungsschreiben.

Der Aufwand aber lohnt sich, denn die Förderungshöhen reichen von circa dreihundert bis zu eintausendfünfhundert Euro im Monat. Speziell für BWL seien hier das Schmalenbach-Stipendium oder das Zonta International Foundation genannt, welche Frauen in den Wirtschaftswissenschaften fördert.

Gute Links zum Thema Stipendien sind **www.mystipendi um.de** mit einer umfassenden Stipendiendatenbank und Tipps für die Bewerbung oder die Webseite **www.stipendienlotse. de**. Dort kannst Du aus sieben Kriterien auswählen und so Licht in das Stipendiendunkel bringen.

STUDIENKREDITE

Wenn Du bei der Stipendienvergabe nicht erfolgreich warst oder gar mehr Geld für Deinen verschwenderischen Lebenswandel brauchst, kannst Du einen Studienkredit beantragen. Die Höhe des Kredits – meist zwischen dreihundert und sechshundertfünfzig Euro pro Monat – bestimmt generell der Student, zurückgezahlt wird nach Studienabschluss. Auch dieser Kredit wird aber nur unter bestimmten Bedingungen gewährt, denn die Kreditgeber haben natürlich ein Interesse daran, Studenten zu fördern, die den Kredit später zurückzahlen können. »Jung« und »talentiert« sind deshalb hier die Schlüsselwörter. Die Anfrage oder der Antrag erfolgt in den meisten Fällen online, danach können noch Bewerbungs- und Auswahlverfahren folgen.

Als gute Webseite mit Hintergrundinformationen sei Dir **www.studienkredite.de** ans Herz gelegt. Dort findest Du nicht nur Übersichten zum Thema Finanzierung und Kredite, sondern kannst über den Budgetrechner die benötigte Kredithöhe berechnen. »Zehn goldene Regeln« vereinfachen zudem den Abschluss eines Studienkredites.

3.4
WAS BRINGT DER NEBENJOB?

In vielen Fällen wird das Geld der Eltern zusätzlich zu einer staatlichen oder privaten Förderung für ein vernünftiges Studentenleben ausreichen. Sollte dies bei Dir der Fall sein, rate ich Dir, keinen Nebenjob auszuüben. Ein Nebenjob ist ein Zeit- und Energiefresser, der Deine Studienleistungen, aber auch Dein Studentengefühl negativ beeinflussen wird. Dr. Sabine Behrenbeck vom Wissenschaftsrat in Köln bringt es auf den Punkt: »Ein Studium ist vielleicht eine Zeit mit wenig Geld, aber mehr Freiheit als jemals später im Leben. Dem Studieren keine Priorität zu geben, ist einfach schade, da verpasst man das Beste. Arbeiten muss man anschließend noch genug. Darum würde ich immer nur den notwendigen Lebensunterhalt verdienen wollen, aber nicht mehr.«[3]

Wenn Du aber einen Nebenjob brauchst, findest Du im Internet ein riesiges Angebot an Vermittlungsportalen.

▶ **www.studentenjobs24.de**
▶ **www.jobmensa.de**
▶ **www.studentjob.de**

---

3 Quelle: Interview auf der Webseite studienstrategie.de, 2012

Bei der großen Auswahl an Nebenjobs solltest Du den Job auswählen, der auch für Deine weitere berufliche Zukunft förderlich ist. Man hört häufig von Studenten als Big-Mac-Stapler bei McDonald's, doch BWLer findet man dort kaum. Nur in Ausnahmefällen wirst Du als BWLer bedienen oder kellnern müssen. In den meisten Fällen findest Du – allein schon aufgrund Deines wirtschaftswissenschaftlichen Studiums – **einen klassischen Bürojob.** So schlägst Du zwei Fliegen mit einer Klappe:

▶ **Du verdienst gutes Geld, denn Bürojobs werden oft besser bezahlt.**

▶ **Du sammelst Fähigkeiten und Wissen in Bereichen an, die für Deine berufliche Zukunft wichtig sind.**

Einen entscheidenden Nachteil hat aber die Arbeit im Büro. Bürojobs beschränken sich selten auf drei oder vier Stunden, meistens musst Du ganze (Studien-)Tage opfern. Viele Studenten regeln es daher so, dass sie zum Beispiel einen Tag in der Woche in einem Büro aushelfen und die restlichen Tage fürs Studieren nutzen. Hierbei gibt es allerdings Grundsätzliches zu beachten:

1)In prüfungsintensiven Zeiten bleibt nicht genug Zeit, um von morgens bis abends bei Großunternehmen den Werkstudenten zu spielen oder im Call-Center Abos zu verkaufen.

2) Vorsicht ist geboten, wenn Du wegen eines Jobs die Regelstudienzeit überschreitest. Zum einen kannst Du Deine BAföG-Förderung nicht verlängern. Zum anderen besteht an manchen Hochschulen das Risiko, dass Du als Langzeitstudent zusätzliche Studiengebühren zahlen musst.

Egal ob Kopieren im Büro, Kellnern in der Kneipe oder Kundenkontakt im Call-Center, es gibt rechtliche Einschränkungen für Nebenjobs. So ist zum Beispiel Dein Studentenjob bei einem monatlichen Gehalt über vierhundertfünfzig Euro versicherungspflichtig.

Einen verständlichen und aktuellen Überblick über das Thema Studentenjob bietet der Link **www.studis-online.de/ StudInfo/Studienfinanzierung/jobben.php**.

Ob ein Nebenjob, eine Förderung oder beides: Als BWL-Student hast Du unzählige Möglichkeiten, an Geld zu kommen und den Traum vom BWL-Studium zu verwirklichen. Investiere viel Zeit in die Recherche und versende eine große Zahl an Bewerbungen für Förderprogramme und Stipendien. Dein strapazierter Geldbeutel wird es Dir danken. Erst nach der Ausschöpfung aller Möglichkeiten solltest Du Dich um einen Nebenjob bemühen.

4
DIE WAHL DER RICHTIGEN HOCHSCHULE

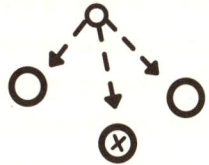

Nach dem harten Anforderungskatalog und der Suche nach dem lieben Geld gilt es nun, Dich im Überangebot der möglichen Studienorte zurechtzufinden. Schließlich wird der Studiengang Betriebswirtschaftslehre an nahezu allen Hochschulen in Deutschland angeboten. Doch welche Hochschule ist die richtige? Ist es die LMU München, die FH Pforzheim oder doch die Privathochschule WHU im beschaulichen Vallendar?

Dieses Buch hat nicht den absolutistischen Anspruch, Dir die perfekte Lösung zu präsentieren. Du wirst hier weder ein eigenes Hochschulranking noch Details zu den Bewerbungsverfahren der jeweiligen Hochschulen finden. Dafür sind die Hochschulen zu unterschiedlich und die einzelnen Verfahren zu komplex. Hier soll vielmehr Grundsätzliches geklärt und erklärt werden. Du wirst auf den nächsten Seiten erfahren, was die Unterschiede zwischen BWL-Universitäts- und Fachhochschulstudium sind und welche Kriterien bei der Wahl der Hochschulstadt zu beachten sind.

Die Reihenfolge der Themen hat einen besonderen Sinn. Viele junge Menschen begeistern sich nach dem Abitur für ein BWL-Studium an den Unis in Köln oder München. Ihre Hochschulwahl haben sie aufgrund der Stadt getroffen. Oft haben sie sich aber keine Gedanken gemacht, welche Art des BWL-Studiums ihnen am besten liegen würde. Ist eine Universität überhaupt die richtige Wahl? Passt nicht viel mehr eine Fachhochschule zu ihren Wünschen und Fähigkeiten? Bevor Du Dich für eine Stadt entscheidest, solltest Du Dir unbedingt über die Art der Hochschule, an der zu studieren Du anstrebst, klar werden. Erst nachdem das geschehen ist, solltest Du nach der richtigen Hochschule suchen. Und keine Sorge: Es bleiben auch dann noch genug tolle Städte übrig!

EXKURS: BACHELOR ODER DIPLOM?

Vielfach werden Mutter oder Vater Dir geraten haben, BWL auf jeden Fall auf Diplom zu studieren. Die älteren Generationen kennen schließlich nur diesen Abschluss und laden noch heute voller Stolz als »Herr Diplom-Kaufmann nebst Gemahlin« zu Feiern ein. Diese Art von Einladung ist jedoch zum Aussterben verurteilt. Egal welche Hochschulform Du heute für Dein BWL-Studium wählst, Du wirst überall ein sogenanntes Bachelorstudium beginnen.[4] Dieses dauert in der Regel drei Jahre und wird mit dem Bachelor abgeschlossen. Wer sich nach Abschluss noch weiterbilden und Themen vertiefen möchte, lässt dem Bachelorstudium ein ein- bis zweijähriges Masterstudium folgen. *Alles rund um die Details zum Bachelorstudium findest Du in Kapitel 7 Das Bachelorstudium.*

---

4 Nur wenige Hochschulen wie die Fernuniversität Hagen oder die Universität Greifswald bieten noch Diplomstudiengänge an.

4.1
UNI ODER FH?
WELCHE HOCHSCHULFORM
IST FÜR DICH DIE RICHTIGE?

In der Vergangenheit standen für Dich nur Universitäten und Fachhochschulen für das BWL-Studium zur Auswahl, doch heutzutage bekommen die traditionellen Hochschulformen vermehrt Konkurrenz durch Berufsakademien und private Hochschulen. Doch wodurch unterscheiden sich die verschiedenen Hochschulen? Welche Studiengebühren fallen an und wie ist die jeweilige Reputation? Diese Fragen werden auf den nächsten Seiten geklärt und Besonderheiten der jeweiligen Hochschulform wie Praxisbezug oder Verschulungsgrad herausgestellt. Dabei wird hier bewusst verallgemeinert. Nicht alle Aussagen treffen auf jede Uni zu, nicht jede Behauptung auf alle Fachhochschulen. Diese Verallgemeinerung hat zum Ziel, Dir einen klareren Gesamteindruck darüber zu verschaffen, was die jeweilige Hochschulform ausmacht.

UNIVERSITÄT

Die Wahl der Universität, kurz Uni, ist immer noch der geläufigste Weg, ein BWL-Studium einzuschlagen. Eine Sache fällt dabei besonders auf: Universitäten haben zumeist große BWL-Fakultäten. Groß bedeutet oft überlaufen und anonym. Wundere Dich nicht, wenn Du in zehn Vorlesungen zehn verschiedene Sitznachbarn hast. Groß bedeutet aber auch eine große Zahl an Lehrstühlen und eine große Bandbreite und Tiefe der Fächer. Während Du an einer FH oft nur das Studienfach Finanzen im Angebot hast, kannst Du an Universitäten teilweise aus vier Finanzschwerpunkten auswählen und Dir Deinen BWL-Bachelor regelrecht maßschneidern.

Eine Liste der deutschen Universitäten die BWL-Studiengänge anbieten, findest Du am Ende des Buches.

Generelle Zugangsvoraussetzung

Für jedes Studium an einer Universität, so auch für den Studiengang der Betriebswirtschaftslehre, brauchst Du die Hochschulreife, das heißt, ein bestandenes Abitur ist zwingend erforderlich.

Studiengebühren

Aktuell, (Stand Januar 2013) werden nur an Universitäten in Bayern (zwischen 300 und 500 Euro pro Semester) und Niedersachsen (500 Euro pro Semester) Gebühren erhoben. Baden-Württemberg, Hamburg, Hessen, Nordrhein-Westfalen und das Saarland haben die Studiengebühren inzwischen wieder abgeschafft. Bayern schafft sie gerade ab. Alle anderen Bundesländer hatten nie welche eingeführt.

Größe

Universitäten sind sehr groß. Über fünfhundert Studenten in einer Vorlesung sind keine Seltenheit. Kurse und Vorlesungen sind teilweise sehr überlaufen. Das Verhältnis Professor zu Studenten macht eine individuelle Betreuung nahezu unmöglich.

Grad der Verschulung

Wer gerade frisch von der Schule kommt, wird erstaunt sein, wie anders doch der »Unterricht« an einer Universität ist. Wenig ist vorgegeben, zur Planung des Studiums wird von den Studenten Selbstständigkeit und eigene Organisation verlangt. Du wählst Deine Kurse selbst aus, sitzt immer wieder mit anderen Leuten in den Vorlesungen. Das ist für Ex-Schüler gewöhnungsbedürftig, bringt für den weiteren Lebensweg aber viel. Dies zeigt sich auch bei Bewertungen von Uni-Absolventen durch Personalchefs, die diese als selbstständiger bezeichnen als vergleichbare Bewerber mit FH-Abschluss.

Theorie

Das universitäre Studium geht sehr in die Tiefe und setzt auf wissenschaftlich fundiertes Wissen. Befürworter sehen darin den Hauptgrund, warum Uni-Absolventen Probleme angeblich sehr strukturiert angehen. Kritiker behaupten, es handelt sich bei diesem theoretischen Wissen um Stoff, der fernab der Praxis bleibt und nie Anwendung findet.

Praxisbezug

Hier hat die Universität noch Nachholbedarf. Zwar gibt es vermehrt Gastvorträge und Kooperationen mit der freien Wirtschaft, aber die Professoren und deren Assistenten haben zumeist eine rein wissenschaftliche Ausbildung und lassen es in Vorlesungen an praktischen Beispielen mangeln. Während Studenten gern etwas über die Erfolgsgeschichte von Apple hören würden, spricht der Marketing-Professor von den theoretischen Tiefen der Konsumentenforschung.

Auslandskontakte

Dies ist ein absoluter Pluspunkt von Universitäten: Alle Universitäten bieten die Möglichkeit, im Rahmen von Austauschprogrammen internationale Erfahrungen zu sammeln. Universitäten bieten aufgrund ihrer jahrelangen Kontakte eine Vielzahl an Auswahlmöglichkeiten; ob auf Bali oder in den USA – Studieren ist fast überall möglich.

Studentenleben

Vor allem an Universitäten mit einem großen Campus findet sich oft ein sehr ausgeprägtes Sozialleben – mancher Campus gleicht einer eigenen Stadt. Du lernst schnell Leute, auch aus anderen Studiengängen, kennen. Ein Medizinstudent im Freundeskreis kann bei dem einen oder anderen Wehwehchen durchaus hilfreich sein.

Reputation und Zukunftsaussichten

Die Reputation des BWL-Uni-Studiums ist weiterhin sehr gut. Uni-Absolventen des Faches BWL gelten unter Personalchefs als besonders selbstständig, gut strukturiert und umfassend ausgebildet. In einigen Branchen – das sollte nicht unerwähnt bleiben – sind Uni-Absolventen explizit im Vorteil. Und dies sind ausgerechnet die Berufe, in denen man gleich zum Berufsstart richtig Geld verdienen kann. Strategie-Unternehmensberatungen wie McKinsey und Boston Consulting Group oder Investmentbanking-Firmen nehmen nahezu ausschließlich Absolventen von Universitäten. So lässt sich auch der immer noch vorhandene Durchschnittsgehaltsunterschied zwischen Uni und FH erklären. Neunzig Prozent aller Uni- und FH-Absolventen steigen gehaltlich auf ähnlichem Niveau ein. Zehn Prozent der Absolventen verdienen jedoch deutlich mehr als der Rest. Diese oberen zehn Prozent sind vornehmlich Uni-Absolventen, die in der Beratungsbranche und dem Bankwesen arbeiten.

Auch der Netzwerkaspekt ist nicht zu unterschätzen. Eltern, die selbst BWL an Universitäten studiert und Karriere gemacht haben, schicken ihre Kinder bevorzugt an Universitäten. So findet man dort – ausgeprägter als an Fachhochschulen – Kinder von Eltern mit großem Einfluss. Was sich negativ anhört, ist in Wahrheit von Vorteil. Gute Kontakte zu haben und einflussreiche Leute zu kennen, und wenn es nur die Eltern Deiner Bekannten sind, hat noch nie geschadet. Oftmals sind es die guten Kontakte aus dem Studium, die Dir in wichtigen Phasen Deiner Karriere weiterhelfen.

FACHHOCHSCHULE

Fachhochschulen sind immer weiter auf dem Vormarsch und gewinnen immer mehr Studenten für sich. International als »University of Applied Sciences« bezeichnet ist eine FH also eine Hochschule der angewandten Wissenschaften. Diese Bezeichnung ist sehr treffend für das Prinzip dieser Hochschulform, die ein sehr praxis- und anwendungsorientiertes Hochschulstudium bietet.

Eine Liste der deutschen Fachhochschulen, die BWL-Studiengänge anbieten, findest Du am Ende des Buches.

Generelle Zugangsvoraussetzung

Für das Studieren an der Fachhochschule reicht in fast allen Fällen die Fachhochschulreife. Das Abitur ist nicht zwingend erforderlich.

Studiengebühren

Wie an Universitäten auch werden aktuell (Stand Januar 2013) nur an Fachhochschulen in Niedersachsen (500 Euro pro Semester) Studiengebühren erhoben. In Bayern werden sie gerade abgeschafft.

Größe

Ein Studiengang hat meistens weniger Studenten als an der Uni. In FH-Vorlesungen sitzen fünfzig Studenten; Zahlen, die im Vergleich zur größten BWL-Fakultät Deutschlands an der Uni Köln winzig anmuten.[5] Die Vorteile liegen auf der Hand: Du wirst in Vorlesungen eingebunden und gestaltest sie so aktiv mit. Die Interaktion erinnert schon fast an die Zeit in der Schule.

Grad der Verschulung

Die Stundenpläne werden häufig sehr streng gehandhabt, die Wahlmöglichkeiten sind gering. Bei kleineren Vorlesungen und Seminaren fallen Abwesenheiten außerdem viel schneller auf. Das Gerücht, dass bei schönem Wetter Uni-BWL-Studenten gern in der Sonne liegen, während FH-Studenten ihre Stunden absitzen müssen, ist somit nicht gänzlich aus der Luft gegriffen.

Theorie

Wer theoretischen Tiefgang sucht, wird diesen an Fachhochschulen selten finden. Theorien werden angerissen, wichtiger ist deren Anwendung in der Praxis. Kritiker werfen deshalb den FH-Absolventen vor, dass sie sich weniger gut in komplexe Sachverhalte hineinversetzen können. Fest steht: Wenn Du es liebst, Sachverhalte wissenschaftlich zu hinterfragen oder eine wissenschaftliche Karriere anstrebst, bist Du an der Fachhochschule falsch. Fachhochschulen haben kein Promotionsrecht, das heißt, es ist nicht möglich, an der FH eine Doktorarbeit zu schreiben.

---

5 Dort passen die vielen Studenten oft nicht in einen Hörsaal, weshalb im BWL-Studium an der Uni Köln in manchen Vorlesungen ein Teil der Studenten in einem zweiten Hörsaal der Videoübertragung der Vorlesung lauscht.

Praxisbezug

Mehrwöchige Praktika, Projektphasen und oft auch Praktikums-
semester sind fest im Studienverlauf integriert. Praxis wird an
Fachhochschulen großgeschrieben. Die Dozenten sind zumeist
Personen aus der Wirtschaft, die neben ihrer Arbeit an der FH
unterrichten und viele Praxisbeispiele und -übungen in die
Vorlesungen einbauen.

Auslandskontakte

Hier haben die Fachhochschulen zwar aufgeholt, ein ähnli-
ches Netzwerk wie die Universitäten können sie aber noch
nicht vorweisen. Viele Fachhochschulen nutzen daher ihre exzellenten Unternehmenskontakte, um Auslandspraktika zu vermitteln. Das kann von Vorteil sein: Praktische Erfahrungen bei
Siemens in Madrid sind oft sinnvoller als Halbwissen über das
spanische Bankensystem von der Universidad Complutense de
Madrid.

Studentenleben

Hier haben Fachhochschulen einen klaren Nachteil. Sie sind
oft deutlich kleiner als Universitäten, die Zahl der Studenten ist
damit an den FH-Standorten deutlich geringer. Darüber hinaus
verhindert ein strikter Stundenplan das zu ausschweifende
Auskosten der studentischen Freiheit.

Reputation und Zukunftsaussichten

Nur wenige Unternehmen ziehen aktiv FH-Absolventen den Uni-Absolventen vor. Im besten Fall werden sie gleichwertig gesehen und die jeweiligen Profile von Stelle und Bewerber machen den Unterschied. Eine große Rolle – stärker als bei Universitäten – spielt das Ansehen der Fachhochschule. Einige Fachhochschulen genießen in Personalabteilungen einen exzellenten Ruf und können mit den besten Hochschulen mithalten.

Der Vorteil des stärkeren Praxisbezugs wird gerade im Bereich Klein- und Mittelstand geschätzt, wo Du als »Praktiker« von der FH lieber gesehen bist als der »Theoretiker« von der Uni.

PRIVATE HOCHSCHULE

In Zeiten von Studiengebühren und überfüllten Hörsälen an staatlichen Hochschulen schießen private Studieneinrichtungen für BWL wie Pilze aus dem Boden. An diesen werden recht hohe Studiengebühren verlangt, doch dafür sind Betreuung und Ausstattung häufig deutlich besser als an staatlichen Einrichtungen.

Eine Liste der privaten deutschen Hochschulen, die BWL-Studiengänge anbieten, findest Du am Ende des Buches.

Generelle Zugangsvoraussetzung

Die meisten privaten Hochschulen verlangen ein bestandenes Abitur, es gibt aber – wie die private Hochschule Göttingen – auch solche, denen die Fachhochschulreife ausreicht. Dazu sind Aufnahmeprüfungen üblich, die von schriftlichen Tests bis zu Vorstellungsgesprächen reichen. Eine gezielte Recherche bezüglich der Zugangsvoraussetzungen ist deshalb erforderlich.

Studiengebühren

Alle privaten Hochschulen sind gebührenpflichtig. Kosten zwischen dreitausend und sechstausend Euro pro Semester musst Du schon rechnen. Aus diesem Grund werden private Hochschulen auch gern als Reichenbunker bezeichnet. Reiche Mitschüler können sich nicht nur die Studiengebühren leisten, sie pflegen auch in vielen Fällen einen anderen Lebensstandard. Dies sollte man beachten und gegebenenfalls schon mal den Kleiderschrank anpassen.

Größe

Private Hochschulen punkten durch kleine Gruppen und intensive Betreuung durch Lehrkräfte. Seminare und Vorlesungen mit weniger als zwanzig Studenten sind an der Tagesordnung. Das fördert die Aufmerksamkeit, ein Verstecken nach einer durchgefeierten Nacht ist aber nicht möglich.

Grad der Verschulung

Die Stundenpläne sind klar strukturiert, die Regelstudienzeit soll schließlich der Ist-Studienzeit entsprechen. Die Gefahr, sein Studium zu verbummeln, wird auf diesem Wege vermieden.

Theorie

Für Theoretiker sind private Hochschulen selten die richtige Wahl. Private Hochschulen sehen Tiefgang häufig in fundiertem Praxisbezug und dem Fokus auf gewisse Fächer. Viele private Hochschulen haben nicht den Anspruch, generalistisch auszubilden, sondern Studenten perfekt auf ihr späteres berufliches Spezialgebiet vorzubereiten.

Praxisbezug

Der enge Kontakt zwischen Praxis und Wissenschaft zeigt sich schon darin, dass sich die meisten Hochschulen bei der Erstellung ihrer Lehrpläne Meinung und Rat von Managern und Führungskräften einholen. An vielen privaten Hochschulen wird ein bestimmter Anteil der Seminare von Praktikern abgehalten. Außerdem bieten einige private Hochschulen sogenannte Patenprogramme, bei denen die Studierenden während ihrer universitären Karriere immer wieder Rat bei Berufstätigen suchen können.

Auslandskontakte

Da private Hochschulen noch nicht sonderlich alt sind, fehlt es ihnen häufig am internationalen Hochschulnetzwerk. Die Auswahl ist begrenzt, viele Hochschulen haben sich aber mit anderen privaten Hochschulen aus dem Ausland zu Bündnissen zusammengeschlossen. In diesem Rahmen ist ein Austausch nicht nur möglich, sondern teilweise fester Bestandteil des Studienplans.

Studentenleben

Um nicht unnötig lange die hohen Studiengebühren bezahlen zu müssen, rasen viele Studenten durchs Studium. Die Folgen sind enge Studienpläne und wenig Zeit, das Studentenleben auszukosten. Den Wecker 35 Mal weiterzustellen, um sich gegen 16.30 Uhr zum Kaffeetrinken zu treffen, ist nicht der Stil des Studenten einer privaten Hochschule.

Reputation und Zukunftsaussichten

Lange galt die Meinung, dass private Hochschulen nur etwas für Kinder reicher Eltern mit schlechtem Abitur seien. Die Eltern finanzieren die Hochschule und diese sieht dafür über die schlechten Schul- und Hochschulnoten des Kindes hinweg. Diese Bevorteilung gibt es in der Realität nicht mehr, aber es stimmt, dass private Hochschulen in weiten Teilen ein Hort der Reichen sind. Ein gewisses elitäres Getue und weltmännische Arroganz sagt man Studenten privater Hochschulen nicht umsonst nach. Interessant ist aber, wie Personaler Absolventen privater Hochschulen im Vergleich zu Absolventen staatlicher Hochschulen sehen. Dass Auftreten, Auslandserfahrung und Studiendauer der privaten Absolventen besser bewertet werden, ist fast zu erwarten. Die Mehrzahl der Studierenden kommt aus eher wohlhabendem Elternhaus, so dass sie ein entsprechendes Auftreten an den Tag legen und Auslandserfahrungen finanziell eher möglich sind. Die Studiendauer ergibt sich durch die in der Regel intensivere Betreuung, aber auch durch den aufgrund von hohen Studiengebühren verursachten Kostendruck. Doch auch sonst schneiden Privathochschulabsolventen gut ab. Die Ausbildung ist gut, auf weiche Faktoren wie Leistungsbereitschaft, Reflexionsfähigkeit sowie den Willen zum ergebnisorientierten Konsens wird oft mehr Wert gelegt als an staatlichen Hochschulen.

Tipp: Wenn Du das gute Ansehen und die exzellente Ausbildung einer privaten Hochschule nutzen willst, Du aber fehlendes Studentenleben und hohe Studiengebühren ab dem ersten Semester scheust, dann wechsle erst zum Masterstudium an eine Privathochschule. Nach dem Bachelorstudium an einer staatlichen Einrichtung kannst Du Dich an Privathochschulen zum wahren Spezialisten ausbilden lassen. Trotz der hohen Kosten stellt dies eine lohnenswerte Investition in Deine Zukunft dar, denn die Einstiegsgehälter sind besser und Aufstiegschancen häufig größer.

DUALES BWL-STUDIUM

In der Regel ist ein duales BWL-Studium so aufgebaut, dass Du in der Studienzeit Seminare und Vorlesungen besuchst und in der studienfreien Zeit im kooperierenden Unternehmen arbeitest. Anders als bei einem »normalen« Vollzeitstudium, in dessen Rahmen Du während der Semesterferien Praktika bei den verschiedensten Firmen aus den unterschiedlichsten Branchen machen kannst und durch diese Erfahrungen individuell im Studium Deine Schwerpunkte setzt, legst Du Dich bei einem dualen Studium von Beginn an auf ein Unternehmen, oft sogar auf einen Tätigkeitsbereich fest.

Eine Liste von Hochschulen und Unternehmen, die ein duales Studium anbieten, findest Du am Ende des Buches.

Generelle Zugangsvoraussetzung

Die Zugangsvoraussetzungen für ein duales BWL-Studium variieren je nach Ausbildungsstätte, das heißt, ob es an einer Universität oder Fachhochschule angeboten wird. Eine sehr gezielte Recherche bezüglich der Zugangsvoraussetzungen ist deshalb erforderlich. Grundvoraussetzung für eine Bewerbung um ein duales BWL-Studium ist aber ein bereits abgeschlossener Vertrag mit dem Unternehmen, bei dem Du Deinen praktischen Teil absolvieren wirst.

Studiengebühren

Die anfallenden Studiengebühren werden häufig vom kooperierenden Unternehmen übernommen, darüber hinaus erhältst Du als Student während eines dualen BWL-Studiums eine Ausbildungsvergütung. Diese bekommst Du während der gesamten Studiendauer und nicht nur in den expliziten Praxisphasen innerhalb des Unternehmens. Pauschal ausgedrückt zahlen größere Firmen mehr als kleinere Unternehmen und auch zwischen den Branchen gibt es Unterschiede.[6]

Problematisch kann ein duales Studium dann werden, wenn Du mit Deiner Studien- und Berufswahl unzufrieden bist. Der Abbruch des Studiums ergibt dann zwar Sinn, Dein Arbeitgeber kann in solchen Fällen aber eine Rückzahlung verlangen. Du solltest daher vor Unterzeichnung des Vertrags einige entscheidende Fragen stellen:

▶ **WIE VIEL MUSS ICH BEI ABBRUCH DES STUDIUMS AN DAS UNTERNEHMEN ZURÜCKBEZAHLEN?**

▶ **WIE LANGE MUSS ICH NACH DEM STUDIUM IM UNTERNEHMEN BLEIBEN?**

▶ **MIT WIE VIEL GELD MUSS ICH MICH FREIKAUFEN, WENN ICH DAS UNTERNEHMEN VORHER VERLASSEN WILL?**

---

6 Quelle: www.duales-studium.de (abgerufen 21. Februar 2013)

Größe

Bei den Institutionen, die duale BWL-Studiengänge anbieten, studierst Du meistens zu sehr guten Bedingungen. Kleine Klassenverbände, gute Betreuung und klar strukturierte Lehrinhalte zeichnen das duale Studium aus.

Grad der Verschulung

Viele bezeichnen das duale Studium auch als bessere Berufsschule. Wie dieser Vergleich zeigt, ist der Grad der Verschulung hoch. Oft wird in klassenähnlichen Verbänden gelehrt, Hausaufgaben sind an der Tagesordnung.

Tiefgang

Die theoretischen Grundlagen der Betriebswirtschaftslehre werden im Vergleich zum Uni-BWL-Studium relativ oberflächlich vermittelt. Die begrenzte Zeit lässt auch den Blick über den Tellerrand – das sogenannte Studium generale – nicht zu. Einziges Ziel ist es, den Studenten auf seine spätere Tätigkeit vorzubereiten.

Praxisbezug

Dies ist sicherlich der ausschlaggebende Faktor eines dualen Studiums. Du sammelst schon während der Studienzeit mehrere Jahre Berufserfahrung und erleidest dementsprechend beim Sprung ins Berufsleben keinen Praxisschock. In Deinem Praxisunternehmen erlangst Du zudem die benötigten Soft Skills. Allerdings – und das darf nicht vergessen werden – ist Deine Praxiserfahrung auf ein Unternehmen beschränkt.

Das klassische Reinschnuppern in verschiedene Branchen und Unternehmen entfällt komplett.

Auslandskontakte

Auf diesen Aspekt wird während des dualen Studiums wenig Wert gelegt. Auslandserfahrungen können die Studenten schließlich auch im Unternehmen sammeln. Der Wechsel zwischen Arbeiten und Studieren lässt lange Auslandsaufenthalte ohnehin nicht zu.

Studentenleben

Wer arbeitet und gleichzeitig studiert, bei dem sind Freizeit und klassisches Studentenleben rar gesät. Studierende des dualen BWL-Studiums haben keine Semesterferien, sondern die klassischen 28 bis dreißig Tage Urlaub im Jahr.

Zu bedenken ist auch, dass Du an zwei verschiedenen Orten studierst bzw. arbeitest, nämlich an der Hochschule und im Unternehmen. Dies hat zur Folge, dass Du möglicherweise relativ weite Strecken zurücklegen musst, was neben dem finanziellen Aufwand auch Zeit und Nerven kostet.

Reputation und Zukunftsaussichten

Die Qualität der berufsbegleitenden Studiengänge hat sich deutlich verbessert. Dennoch reicht sie in vielen Fällen noch nicht an die Ausbildung einer Universität oder Ganztages-FH heran. Unter begrenzten Lehr- und Lernzeiten leidet vor allem die Tiefe der jeweiligen Themen. Der Ruf des berufsbegleitenden Studiums ist somit bei vielen Personalabteilungen in Unternehmen noch nicht der beste.

Die Förderung des dualen Studiums durch Unternehmen wie Bayer, Siemens oder BASF – die Nachwuchsführungskräfte bewusst dual ausbilden – hat aber Professionalität in das System des dualen Studiums gebracht.

Für die Unternehmen hat das Anbieten eines dualen Studiums den Sinn, qualifizierte Nachwuchsführungskräfte auszubilden und langfristig für die Firma zu gewinnen. Das Unternehmen finanziert Dir Dein Studium, befreit Dich von Zukunftssorgen und verschafft Dir den ersten Job. Durch das duale Studium wirst Du aber ab dem ersten Tag Deines Studiums an das Unternehmen gebunden. Ein duales Studium sollte daher genau überlegt sein, das Unternehmen mit Bedacht gewählt werden. Wenn findige Jungunternehmen mit Studienfinanzierung und hohen Gehältern locken, solltest Du vorsichtig sein. Setze lieber auf etablierte Unternehmen, die bereits Erfahrung mit dem dualen Studium haben.

4.2
VON ZU HAUSE WEGZIEHEN – JA ODER NEIN?

Hast Du Dich für eine Hochschulform entschieden, steht als Nächstes die Entscheidung an, in welche Stadt Du ziehst. Dabei wird hier kein konkreter Vorschlag gemacht, vielmehr geht es um Grundsätzliches. Bleibst du bei deinen Eltern wohnen? Und falls Du auziehst: Bevorzugst Du eine große oder eher eine kleine Hochschulstadt?

Du solltest dir vor allem darüber im Klaren sein, ob Du in der Nähe Deines aktuellen Wohnortes studieren willst oder doch eine weiter entfernte Hochschule wählst. Über siebzig Prozent der Studenten sind an einer Hochschule in der Nähe ihres Wohnortes eingeschrieben. Die am häufigsten genannten Gründe für ein Studium am oder in der Nähe des aktuellen Wohnortes sind:

▶ **DIE FINANZIELLEN MITTEL, DIE EINEN AUSZUG VON ZU HAUSE NICHT ERLAUBEN.**

▶ **DAS VERTRAUTE UMFELD AUS FREUNDEN UND FAMILIE, DAS MAN NICHT VERLASSEN WILL.**

▶ **SOZIALE VERPFLICHTUNGEN WIE DIE PFLEGE KRANKER FAMILIENMITGLIEDER ODER DAS EHREN-AMT IM SPORTVEREIN.**

Inwieweit Deine Eltern Dich im Studium unterstützen können und welche möglichen Zusatzkosten auf sie zukommen könnten, solltest Du frühzeitig mit ihnen klären. Mama wird vermutlich erschrecken und Papa sein Lieblingshobby an den Nagel hängen müssen, doch eine ehrliche Information über die Kosten erspart allen Beteiligten schlaflose Nächte. Klar ist, dass sich viele Familien die Zusatzausgaben für Miete, Essen und Co. nicht leisten können. In Kapitel 3 konntest Du Dich schon über eine Reihe von Fördermöglichkeiten wie BAföG, Studienkredite oder Stipendien informieren. Die Entscheidung für oder gegen einen Studienort sollte erst zum Schluss hinsichtlich der finanziellen Aspekte gefällt werden.

Denn wenn Du es Dir leisten kannst, suche ruhig auch nach Hochschulen, die weiter weg liegen. Es gilt schon fast die Faustregel: Je weiter Du von zu Hause weg wohnst, desto selbstständiger wirst Du. Die meisten Hobbys kannst Du auch am neuen Wohnort ausüben – von Hochsegeln in einer bayerischen Stadt oder Bergwandern in Hamburg mal abgesehen. Sorgen bezüglich der guten alten Freunde, die man durch die Abwesenheit verliert, sind ebenfalls unbegründet. Dank moderner Kommunikationsmittel könnt Ihr problemlos in Kontakt bleiben. Die alten Freunde gehen nicht verloren und neue Freunde kommen hinzu. Und wenn Du willst, bist Du am Wochenende schnell wieder in der Heimat. Und bedenke: Selbst wenn Du Dich dazu entscheiden solltest, ob der lieben Freunde in der Heimat zu bleiben, heißt es noch lange nicht, dass Deine Freunde, die vielleicht auch studieren wollen, ebenso denken und ortsansässig bleiben.

Ein neuer Wohnort hilft in vielerlei Hinsicht:

▶ Du bekommst einen besseren Fokus auf das Studium, weil Dein neues soziales Umfeld zumeist ebenfalls studiert.

▶ Du wirst selbstständiger und entscheidungsfreudiger, weil Du vieles allein organisieren musst, und sei es nur der Einkauf beim EDEKA um die Ecke, das Kochen der Spaghetti Bolognese oder das Putzen der verdreckten Wohnung. Diese positive Eigenschaft der Selbstorganisation wird selbst im späteren Berufsleben von großer Bedeutung sein.

▶ Du wirst selbstbewusster, weil Du merken wirst, dass Du vieles allein bewältigen kannst und Dich Probleme nicht so schnell umhauen.

Wenn Du ausziehst, so stellt sich die Frage, ob Du an einer großen oder kleinen Hochschule, in einer Großstadt oder Kleinstadt studieren solltest. Hier kann ich im Gegensatz zum oberen Abschnitt keine klare Empfehlung aussprechen. Sehr pauschal ausgedrückt gilt die Faustregel: Je kleiner die Studentenstadt ist, desto mehr prägen Studenten das soziale Leben einer Stadt. Natürlich sollte die Hochschule eine vernünftige Größe haben und nicht die sieben Studenten zählende Hochschule für angewandte Betriebswirtschaftslehre in der Raumfahrtindustrie sein.

4.3
WIE FINDEST DU DIE RICHTIGE HOCHSCHULE?

Wenn Du mit den Rahmenbedingungen der Hochschulsuche vertraut bist, sollte endlich die Detailsuche nach der richtigen Hochschule losgehen. Doch eigentlich suchst Du nicht nach einer Hochschule, Du suchst gleich nach mehreren. In den seltensten Fällen kannst Du sicher sein, dass Du genau an der von Dir präferierten Hochschule angenommen wirst. Wähle deshalb mehrere Favoriten aus, setze sie in eine Rangfolge und bewirb Dich bei mehreren Hochschulen gleichzeitig. Deine Auswahl solltest Du danach treffen, ob:

▶ **DU DIE ZULASSUNGSVORAUSSETZUNGEN AUCH ERFÜLLEN KANNST.**

▶ **DIE HOCHSCHULE DIE FÜR DICH RICHTIGEN SCHWERPUNKTE SETZT.**

▶ **DIE HOCHSCHULE IM FACH BWL EIN HOHES ANSEHEN GENIESST.**

All diese drei Aspekte werden im Folgenden beleuchtet.

ZULASSUNGSVORAUSSETZUNGEN UND -ANFORDERUNGEN

Du kannst noch so tief nach Schwerpunkten suchen, Dir noch so exzellente Hochschulen aussuchen, wenn Du die Zulassungsvoraussetzungen dieser Hochschulen nicht erfüllst, wirst Du dort nicht studieren können. Die Zulassungsvoraussetzungen sind somit das K.-o.-Kriterium bei der Auswahl der für Dich passenden Hochschule. Prüfe deshalb vor einer Bewerbung immer die Zulassungsvoraussetzungen Deiner favorisierten Hochschulen. BWL-Studienplätze werden an den meisten Fachhochschulen und Universitäten nach zwei beziehungsweise drei Kriterien vergeben:

1) DURCHSCHNITTSNOTE IM ABITUR

2) ANZAHL DER WARTESEMESTER, DIE EIN BEWERBER GESAMMELT HAT

3) AUSWAHLKRITERIEN DER HOCHSCHULE

DURCHSCHNITTSNOTE IM ABITUR –
DER NUMERUS CLAUSUS

Ein Großteil der Hochschulen vergibt seine BWL-Studienplätze nach dem Numerus clausus. Häufig wird der Numerus clausus (NC) mit der Durchschnittsnote im Abitur gleichgesetzt: »Welchen NC hast Du?« – »2,4«. Doch eigentlich meint der Begriff etwas anderes. Numerus clausus kommt aus dem Lateinischen und bedeutet »begrenzte Zahl«. Eine Definition für den Begriff Numerus clausus des Portals **www.nc-werte.info** lautet daher: »Der Numerus clausus bezeichnet die Abiturdurchschnittsnote des schlechtesten Bewerbers, der noch einen Studienplatz erhalten hat.« Angenommen, der Numerus clausus in einem Studiengang liegt bei 2,3. Dann hat jeder Bewerber mit einer Durchschnittsnote von 2,3 oder besser einen BWL-Studienplatz erhalten.

Oft taucht die Frage auf, wie hoch der Numerus clausus im nächsten Semester an der favorisierten Hochschule ist. Diese Frage kann leider niemand beantworten. Denn der Numerus clausus bildet immer das Verhältnis der Zahl der BWL-Studienplätze und der Zahl der Bewerber ab. Der Numerus clausus aus den letzten Semestern, den Du bei den Hochschulen direkt erfragen kannst, kann ein Anhaltspunkt sein – darauf verlassen kannst Du Dich aber nicht. Gründe für eine Veränderung können zum Beispiel eine Erhöhung der Studienplätze oder aufgrund eines besseren Rankings der Hochschule eine steigende Anzahl von Bewerbungen sein. Lass Dich nicht abschrecken und bewirb Dich auf alle Fälle an Deiner Traumhochschule: Du wirst Dich ärgern, wenn sich der NC im nächsten Semester zu Deinen Gunsten entwickelt hat und Du Dich nicht beworben hast!

Gute Links zur Suche nach den NCs der Hochschulen sind:

www.studis-online.de

www.auswahlgrenzen.de

WARTESEMESTER

Wartesemester können unter Umständen Deine Chancen auf einen Studienplatz erhöhen, wenn es viele Bewerber mit gleichen Abiturnoten gibt. Wartesemester werden oft falsch verstanden, dabei ist die Definition des Begriffs relativ einfach – und eindeutig: »Als Wartesemester zählt jedes Semester, an dem du nach dem Erwerb der Hochschulzugangsberechtigung nicht an einer deutschen Hochschule eingeschrieben warst.«[7] Dabei ist es egal, ob Du faul zu Hause vor dem RTL-2-Trashprogramm gesessen hast, bei der Bundeswehr durch den Schlamm gerobbt bist, ein soziales Jahr in Afrika oder in der Bank Deine Lehre absolviert hast. Wenn Du zum Beispiel nach dem Abitur eine zweieinhalbjährige Bankausbildung hinter Dich gebracht hast, werden Dir in der Regel fünf Wartesemester angerechnet.

Inwieweit die Zahl der Wartesemester Deine Chancen steigert, an einer Hochschule angenommen zu werden, ist von Hochschule zu Hochschule vollkommen unterschiedlich. Mal gibt es ein extra Studienplatzkontingent für Wartesemester-Kandidaten, mal verbessern Wartesemester Deinen NC. Hier hilft immer der Blick auf die Webseiten der für Dich interessanten Hochschulen.

---

7 Quelle: nc-werte.info (abgerufen 21. Februar 2013)

GESONDERTE AUSWAHLKRITERIEN
DER HOCHSCHULEN

Früher mussten Hochschulen mit den Studierenden leben, die ihnen zugeteilt wurden. Heute haben Hochschulen die Möglichkeit, sich ihre zukünftigen Studierenden auszusuchen. Und einige wenige machen davon Gebrauch. Diese Universitäten und Fachhochschulen wenden folgende Kriterien bei der Vergabe von Studienplätzen an:

▶ **Durchschnittsnote im Abitur**
▶ **Aufnahmetests**
▶ **Auswahlgespräch**
▶ **Berufserfahrung**
▶ **Freiwilligendienste (soziales Jahr)**
▶ **Noten einzelner Schulfächer**

Zumeist berücksichtigen die Hochschulen aber nur die Abiturnote und die Einzelfachnoten. Für richtige Aufnahmetests braucht man viel Personal und Zeit; und beides haben BWL-Fakultäten oft nicht. Eins ist gewiss: Vorsingen, -spielen oder -springen, wie das bei musischen oder sportlichen Studiengängen der Fall ist, musst Du definitiv nicht.

AUSWAHL NACH STUDIENSCHWERPUNKTEN

Vielleicht gehörst auch Du zu denjenigen unter den BWL-Anfängern, die schon heute wissen, in welchem Spezialgebiet der BWL sie später tätig sein wollen. Sei es, weil Du die Spedition Deines Vaters übernehmen wirst, Du schon in der Schulzeit begeistert beim Commerzbank-Börsenspiel mitgemacht hast oder in der Lehre zur Bürokauffrau die Zahlen für Dich entdeckt hast. Wenn Du so konkrete Absichten hast, dann spielt der Schwerpunkt der jeweiligen Hochschule eine große Rolle. Schließlich sind gewisse Hochschulen berühmt für ihre finanzwirtschaftliche Ausbildung, dafür genießen andere im Bereich Marketing und Vertrieb einen exzellenten Ruf. Entscheidend sind oft die lehrenden Professoren. Doch wie findest Du diese besonderen Hochschulen?

▶ **DURCHBLÄTTERN DER HOCHSCHULRANKINGS:** Sie beschreiben oft die Spezialgebiete der Hochschulen.

▶ **DIE KLASSISCHE INTERNETRECHERCHE:** Wenn Du zum Beispiel die beste Hochschule für Logistikexperten suchst, findest Du im Internet über Suchbegriffe wie »Studium / Logistik / Spezialisierung« in Foren und auf Webseiten gute Hinweise.

▶ **DER BLICK IN DIE PRÜFUNGSORDNUNG:** Die Prüfungsordnungen sind im Internet auf den Webseiten der Hochschulen zu finden und geben Auskunft über Studienaufbau, -schwerpunkte und Wahlmöglichkeiten.

AUSWAHL NACH DEM ANSEHEN
DER HOCHSCHULE – DIE HOCHSCHULRANKINGS

Entscheider in den Personalabteilungen Deutschlands wählen Bewerber nach verschiedenen Kriterien wie Praktika und Noten aus. Fast genauso wichtig wie die Examensnote ist heutzutage die Reputation der Hochschule, an der der Bewerber studiert hat. In vielen Unternehmen kommen Bewerbungen von Wald-und-Wiesen-Hochschulabsolventen oft auf direktem Wege in den Papierkorb. Bewerbungen von Top-Hochschulen hingegen landen gleich auf einem Sonderstapel. Doch was ist eine Top-Hochschule? Dies lässt sich nicht so einfach sagen, viele sehen jedoch den Ruf, also das Ansehen der jeweiligen Hochschule, als wichtigstes Kriterium an.

Es gibt unterschiedliche Faktoren, die Einfluss auf den Ruf einer Hochschule haben. Am offensichtlichsten sind die sogenannten Hochschulrankings. Diese werden jährlich von diversen Institutionen erstellt und gelten für die Personalabteilungen als Gradmesser, wie gut oder auch schlecht Absolventen der jeweiligen Hochschule sind. Ich rate daher jedem angehenden BWL-Studenten, eine möglichst große Zahl an Rankings durchzulesen und die Ergebnisse in die Auswahl der Hochschulen mit einfließen zu lassen. Die bekanntesten BWL-Hochschulrankings sind:

HANDELSBLATT-RANKING: Vergleich deutschsprachiger BWL-Fakultäten. Das Bewertungskriterium ist der Forschungsoutput (Anzahl der Publikationen und deren Qualität).

WIRTSCHAFTSWOCHE-RANKING: Vergleich deutscher Hochschulen. Das Bewertungskriterium ist das Urteil der befragten siebentausend Personalchefs der größten deutschen Firmen. Das Ranking gilt als sehr praxisnah und karriereorientiert.

CHE-RANKING (auch bekannt als Zeit-Ranking): Vergleich deutschsprachiger und niederländischer Hochschulen – gestaffelt nach weit über zwanzig Kriterien, die der Nutzer nach einer kostenlosen Registrierung selbst auswählt. Daher vielseitig und persönlich, abzurufen unter **ranking.zeit.de**.

FINANCIAL-TIMES-RANKING: BWL-Master im internationalen Vergleich, zwanzig Bewertungskriterien, darunter Qualität der Berufsberatung, Karrierefortschritt, gewichtetes Gehalt nach Abschluss, Sprachenausbildung, Firmenpraktika.

ECONOMIST-RANKING: Ranking der 130 besten MBA-Programme, Bewertungskriterien sind Qualität der Lehrenden und Studierenden, Internationalität, Karriereperspektiven und Potenzial des Alumninetzwerkes bewertet durch über siebzehntausend Studenten.

AMÉRICA-ECONOMÍA-RANKING: Vergleich internationaler MBA-Programme, Kriterien sind unter anderem der Anteil der Lehrenden mit Doktortitel, Gehalt der Absolventen nach Abschluss und Kosten des Studiums.

DEIN EIGENER EINDRUCK

Für die Wahl der richtigen Hochschulen sollte ein wichtiger Aspekt nicht außer Acht gelassen werden: Dein persönlicher Eindruck. Grau ist alle Theorie und deshalb heißt es Tasche packen und Deine bevorzugten Hochschulen und Städte selbst anschauen. Sauge das besondere, individuelle Flair jeder Hochschule auf und Du wirst schnell spüren, an welcher der Hochschulen Du Dich am wohlsten fühlen könntest.

Die beste Möglichkeit ist immer, wenn Du aktuelle Studenten kennst und diese besuchst. Ihr schlendert durch die Hochschule, geht mal in die Mensa und genießt im Optimalfall abends gemeinsam das Studentenleben. Solltest Du niemanden in der Stadt kennen, ist Couchsurfen eine gute Alternative: **www.couchsurfing.org**. Du übernachtest günstig und erhältst gleichzeitig von Einheimischen gute Tipps zur Stadt.

Auf diese Weise bekommst Du auch sehr schnell ein Gefühl für den Wohnungsmarkt und die Preise. Emotional kann Dich eine Stadt schnell fesseln, doch vielleicht lassen rationale Nebenbedingungen wie Lebenshaltungskosten ein Studium in dieser Stadt nicht zu *(siehe auch Kapitel 3 Das liebe Geld)*.

4.4
WANN UND WIE SOLLTEST DU DICH AN DER HOCHSCHULE BEWERBEN?

Die Favoriten sind gefunden, Bauch und Kopf haben Entscheidungen getroffen. Nun solltest Du Dich bewerben, wobei einige Stichtage zu beachten sind. Die meisten BWL-Studiengänge in Deutschland beginnen zum Wintersemester, das in der Regel von Oktober bis März des darauffolgenden Jahres geht.[8] Das bedeutet für die Bewerbung an der Hochschule, dass diese bis zum 31. Mai bzw. 15. Juli eingereicht werden muss. Die zwei unterschiedlichen Daten kommen deshalb zustande, weil zwischen Alt- und Neuabiturienten unterschieden wird:

ALT-ABITURIENT: Dein Abiturzeugnis wurde nicht im laufenden Jahr ausgestellt? Dann muss Deine Bewerbung bis zum **31. MAI** an der Hochschule vorliegen.

NEU-ABITURIENT: Du hast in diesem Jahr Abitur gemacht? Dann muss die Bewerbung erst am **15. JULI** an der Hochschule vorliegen. Viele Schulen verteilen die Abiturzeugnisse erst Mitte Juni. Es wäre für Dich folglich gar nicht möglich, Dich früher an einer Hochschule zu bewerben.

Welche Bewerbungsunterlagen benötigt werden, kannst Du bei jeder Hochschule erfragen oder im Internetauftritt der Hochschule nachlesen. Wichtig ist, dass bei allen Bewerbungen nicht der

---

8 Das Sommersemester dauert von April bis September.

Poststempel zählt, sondern der Tag, an dem die Bewerbung an der Hochschule eintrifft. Wohnst Du also in Pusemuckel und Dein Postamt braucht für die Zustellung der Briefe an die nächste Poststelle zwei Wochen, schick die Bewerbung frühzeitig los. Oder fahr persönlich bei Deiner Hochschule vorbei und gib die Unterlagen dort ab.

Nach Ende der Bewerbungsfrist beginnen die Hochschulen mit der Auswahl der Bewerber. Etwa Mitte August wirst Du die Zulassungsbescheide der verschiedenen Hochschulen im Briefkasten haben, die Zu- oder Absagen der Hochschulen kommen alle etwa zeitgleich an. Meistens hast Du dann noch einige Tage Zeit, Dich für eine der Hochschulen zu entscheiden und triffst dann hoffentlich auch die richtige Entscheidung.

5
NEUE BUDE, NEUES GLÜCK?
ALLES RUND UMS
UMZIEHEN UND EINRICHTEN
FÜR BWLER

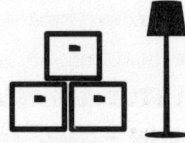

Die schwierige Hochschulwahl ist vollzogen und Deine Bewerbung war hoffentlich erfolgreich. Nun solltest Du Dich studentengerecht einrichten. Ein Teil von Euch wird zu Hause wohnen bleiben. Für viele ist der Studienstart jedoch mit einem Umzug verbunden. Ob die eigene Wohnung oder das Zimmer in der Wohngemeinschaft, es müssen neue Einrichtungsgegenstände her. Die Zeit der Fan-Poster und alten Regale ist vorbei, von nun an stellst Du Dich dem Einrichtungswettbewerb mit anderen BWL-Studenten. Im kommenden Kapitel dreht sich alles um die Wohnungssuche und die BWL-typische Einrichtung. Wir klären auf, warum Du als BWLer ein besonderer WG-Mitbewohner bist, warum Zeitungsständer immer noch wichtig erscheinen und weshalb der BWLer kleine, bunte Kapseln in der Wohnung hat.

5.1
WOHNEN ODER GEWOHNT WERDEN? WOHNUNG ODER WG?

Als Erstes solltest Du für Dich eine Frage klären, die ich tatsächlich als »den-weiteren-Lebensweg-prägend« bezeichnen würde:

ZIEHST DU ZUM STUDIENANFANG IN DEINE EIGENE WOHNUNG ODER DOCH IN EINE WOHNGEMEINSCHAFT?

Die Hauptmotivation in eine Wohngemeinschaft – kurz WG – zu ziehen, ist das Sparen von Mietkosten. Man teilt sich ein Bad, eine Küche und ein Wohnzimmer und damit auch die Mietkosten für diese Räume. WGs sind somit im Vergleich zur eigenen Wohnung unschlagbar günstig. Dies sollte aber nicht das K.-o.-Kriterium sein, um nicht in eine eigene Wohnung zu ziehen, zumal es auch für »Alleinwohner« preisgünstige Alternativen gibt *(siehe dazu auch Kapitel 5.2)*.

Beide Wohnformen unterscheiden sich deutlich voneinander und gerade WGs haben ihre Eigenarten. Du solltest deshalb vor der Wohnungssuche für Dich einige Fragen beantworten.

Wie selbstständig bist Du schon?

Die meisten Erstsemester ziehen aus dem Elternhaus direkt in ihre erste eigene Wohnung oder WG. Waren im Elternhaus ständig Personen um Dich herum, bist Du nun komplett auf Dich allein gestellt. Die neuen Aufgaben reichen von der Nebenkosten-Rücksprache mit der Stadtverwaltung bis hin zur Grundversorgung an Küchenutensilien. Wer sich dies noch nicht allein zutraut, holt sich entweder Rat bei den Eltern oder sucht sein Heil in einer gut organisierten WG.

Kannst Du gut allein sein?

Genießt Du die Zeit für Dich und hast auch mal ganze Tage, an denen Du am liebsten niemanden hörst und siehst? Dann dürfte das WG-Leben sehr anstrengend für Dich werden. Zwar herrscht nicht in jeder WG den ganzen Tag Affentanz. Nebengeräusche, und sei es nur das Öffnen der Wohnungstür durch Deinen Mitbewohner, lassen sich aber nicht vermeiden. Bist Du allerdings gern in Gesellschaft und brauchst regelrecht ständig Leute um Dich herum, ist eine WG der richtige Ort für Dich. Dort teilst Du nicht nur die Wohnung, sondern auch Freud und Leid. Die klassische Frage »Wie war Dein Tag?« am Esstisch ist auch in WGs der Klassiker und kann unter WG-Bewohnern zu nächtelangen Gesprächen führen.

Wie schnell findest Du Dich in einem neuen Umfeld zurecht?

In der Vergangenheit hast Du sicherlich Erfahrungen gemacht, wie Du Dich in einer unbekannten Umgebung bewegst, sei es beim ersten Tag im Sportverein, im Sommercamp oder zum Start des Ferienjobs. Fällt es Dir schwer, Dich im neuen Umfeld zurechtzufinden und mit der Situation warm zu werden? Dann kann eine WG eine gute Stütze sein. Hier triffst Du häufig auf Mitbewohner, die schon länger an der Uni sind, Dir hilfreiche Tipps geben können und Dich im wahrsten Sinne des Wortes an die Hand nehmen.

Wie tolerant bist Du Andersdenkenden gegenüber?

Mach Dir eventuell schon mal Gedanken zu den wichtigen Fragen der Gesellschaft. Bist Du für eine Annäherung der USA an den Iran? Bist Du für die Legalisierung weicher Drogen? Wie stehst Du zum Thema Studiengebühren? WGs sind oft eine Zusammenstellung unterschiedlichster Charaktere und damit Meinungen. Hier gilt es, tolerant und diskussionsfreudig zu sein. Reine BWLer-WGs haben mit diesem Thema selten Probleme. Sie unterhalten sich über neue Geschäftsmodelle und die letzten Klausuren. Eine beispielhafte WG mit einem BWLer, einem den ganzen Tag über das Leben sinnierenden Kulturwissenschaftler und einem linksengagierten Politologen hat da schon größere Sprengkraft. Du wirst merken, dass Du Andersdenkenden mit Deinem neokapitalistischen Geschwätz auf die Nerven gehst. Und Du wirst selbst ein dickes Fell brauchen, wenn diese Mitbewohner die Großbanken verfluchen und den Euro für den größten Fehler der jüngeren Geschichte halten.

Wie ordentlich bist Du?

Solltest Du zur Spezies der chronisch Unordentlichen gehören, könntest Du in einer WG Probleme bekommen. Dein rumstehendes Geschirr wird die Mitbewohner schnell zur Weißglut bringen. Andersherum ist ein extremer Ordnungssinn, der unter strukturiert denkenden BWLern deutlich häufiger vorkommt, ebenfalls nicht förderlich für eine WG. Du musst damit rechnen, dass in WGs immer etwas liegen bleibt, was da nicht hingehört. Deine Penibilität wird in einer WG eher für Kopfschütteln als für Verständnis sorgen.

Wie flexibel bist Du?

Eine WG bedeutet immer auch, Kompromisse eingehen zu müssen. Nicht alle Personen können gleichzeitig das Bad benutzen, nicht alle gleichzeitig kochen, nicht alle jederzeit laut Musik hören. Dein Zeitplan wird folglich oft fremdbestimmt. Wenn Du gern nach Deinen eigenen Regeln lebst, zieh lieber in die eigene Wohnung.

Wie gern teilst Du, wie geizig bist Du?

In Deiner eigenen Wohnung gehört alles Dir, in einer WG dominiert das Teilen. Ihr teilt nicht nur Bad, Wohnzimmer und Küche, sondern auch die Kosten. In vielen WGs werden darüber hinaus Gebrauchsgegenstände wie Putzmittel und Klopapier, aber auch Grundnahrungsmittel wie Kaffee, Wasser, Salz oder Zucker über eine Gemeinschaftskasse umgelegt. Hier kann es sein, dass Du einen Monat profitierst und dann wieder einen Monat übermäßig einzahlst – wenn Du zum Beispiel wenig zu Hause bist. Dies musst Du akzeptieren. Ich erinnere mich an meine WG-Zeit, in der wilde Diskussionen losgingen, warum die Gemeinschaftskasse schon wieder aufgefüllt werden müsse. Unsere Mitbewohnerin beschwerte sich dann zum Beispiel, dass sie in letzter Zeit wenig Kaffee getrunken hätte und deshalb nicht einsehe, nun schon wieder einzuzahlen. Mein Mitbewohner Felix antwortete passend: »Ach, und Klopapier hast Du auch keins benutzt und große Geschäfte immer nur auswärts verrichtet?«

Wenn Du Dich eingehend mit diesen Fragen beschäftigst, wirst Du schnell feststellen, ob eine Wohngemeinschaft etwas für Dich sein könnte oder nicht. Solltest Du schwanken, so wäre mein Tipp, zum Studienstart in eine WG zu ziehen. Zum einen gibst Du mit dieser Option etwas weniger Geld fürs Wohnen aus, was zum Studienstart von großem Vorteil sein kann, da Du die anderen Lebenshaltungskosten nicht genau abschätzen kannst. Zum anderen erhältst Du über Dein WG-Umfeld schnell Anschluss, lernst oft Studenten anderer Studiengänge kennen und erlebst Studentenleben hautnah. Sollte Dir die WG nach wenigen Monaten auf den Geist gehen, oft aus oben genannten Gründen, kannst Du von Deinem WG-Zimmer aus leicht eine eigene Wohnung suchen.

5.2
WIE FINDEST DU DIE GEEIGNETE WOHNUNG ODER WG?

Nachdem Du eine Entscheidung hinsichtlich einer eigenen Wohnung oder WG gefällt hast, steht die Wohnungssuche an. Diese ist bei BWL-Studenten nicht grundlegend anders als bei Studenten anderer Fachrichtungen. Stern.de[9] gibt Ratschläge, wie man am besten an eine passende Wohnung kommt, die ich hier gern um BWL-typische Anmerkungen ergänzen möchte:

Du solltest an den Stadtrand ziehen oder in Stadtteile, die erst im Kommen sind!

Die Wohnungsnot ist ein großstädtisches Phänomen, auf dem Land und schon im Stadtrandgebiet sieht die Situation anders aus. Preisgünstige Wohnungen, Parkplätze vor der Tür und Ruhe

---

9 Quelle: www.stern.de/wirtschaft/immobilien/tipps-fuer-die-wohnungssuche-wie-sie-eine-guenstige-wohnung-finden-1752363.html (abgerufen 21. Februar 2013).

vor Stadtlärm sind die offensichtlichsten Vorteile der »Landwohnung«. Die Angst vor der Fahrzeit zur Uni ist dazu oft unbegründet. Je nach Standort dauert diese mit dem Auto oder der Bahn von innerhalb des Stadtgebiets oft länger als von außerhalb. Vielleicht aber muss es für Dich doch die Stadtwohnung sein, weil Du zum Beispiel nachts nach einer Feier lieber nach Hause laufen willst als auf die S-Bahn zu warten. In diesem Falle solltest Du Stadtteile wählen, die erst im Kommen sind. Fast jede Stadt hat Viertel, die zentrumsnah gelegen, aber noch nicht teuer sind. Hier ist Recherche das A und O: Informiere Dich vorher gründlich, welcher Stadtteil in der jeweiligen Stadt hip und aufstrebend ist. Schwalben wie ein alternativer Klamottenladen und zwei süße Cafés im Viertel machen noch keinen Sommer.

Sei kompromissbereit!

Top-Lage, hundert Quadratmeter, sanierter Altbau, großes Bad und das alles zum Schnäppchenpreis. Das wirst Du nicht bekommen. Überlege Dir daher vorher, was Deine Prioritäten sind. Sind sie zum Beispiel in der Reihenfolge: 1. große Wohnküche, 2. Badewanne und 3. Balkon? Sei ehrlich zu Dir, wie oft im Monat hüpfst Du wirklich in die Wanne? Bist Du überhaupt die große Köchin oder der große Koch, der stundenlang mit Freunden in der Küche brutzelt? Kann es sein, dass Du viel lieber grillst? Dann verzichte auf die Wohnküche, aber nicht auf den Balkon. Grillen in der Wohnküche macht nämlich böse Flecken.

Setze auf Mundpropaganda!

Ein Großteil der Wohnungen und WGs geht unter der Hand weg. Erzähle deshalb Gott und der Welt, dass Du eine Wohnung oder ein Zimmer suchst. Von Deinen Freunden kennt garantiert irgendjemand jemand, der mit jemand im Urlaub war, der dort an der schwimmenden Poolbar auf der Luftmatratze jemand kennengelernt hat, dessen Tante mit jemand wohnt, der mit jemand im Sportverein ist, der eine gut gelegene, preisgünstige Wohnung vermietet. Klingt konstruiert? Mag sein, hat es aber alles schon gegeben. Deshalb nutze Dein Netzwerk und rede ständig über Deine Wohnungssuche.

Beachte Aushänge am schwarzen Brett der Uni!

Jede Uni hat ein schwarzes Brett mit Wohnungsangeboten. Hier findest Du sowohl WGs als auch Einzelwohnungen, die oft direkt vom Vormieter angeboten werden. An der ausgestellten Anzeige erkennst Du in vielen Fällen, in welche Richtung die Wohnung oder Deine Mitbewohner gehen. Werden beispielsweise Veganer bevorzugt, dürfte es ein Steakliebhaber beim Vorstellungsgespräch schwer haben.

Waren diese Versuche nicht von Erfolg gekrönt, solltest Du zu einem ungewöhnlichen Mittel greifen, um die wahren Schätzchen zu entdecken.

Schalte eine klassische Zeitungsanzeige!

Der heutige Abiturjahrgang lebt nahezu ausschließlich im Internet. Nicht so ein großer Teil der privaten Wohnungsvermieter. Diese sind oft Personen mittleren Alters, die eine Wohnung geerbt haben oder die Immobilie als Altersvorsorge nutzen. Sie sind auf der Suche nach solventen und vertrauenswürdigen Personen und suchen ihr Heil in der Regionalzeitung. Schalte dort also eine Anzeige unter »Wohnung gesucht«, zum Beispiel mit folgendem Text: »Wirtschaftsprüfer-Ehepaar sucht für ihre BWL studierende Tochter 2-Zimmer-Wohnung bis 500 Euro«. Dieser Ansatz hat bei Freunden von mir bereits bestens funktioniert.

Haben alle oben genannten Hinweise nicht gefruchtet, sind neben der lokalen Zeitung Vermietungsportale im Internet die besten Anlaufstellen. Die unten aufgeführten Links sind eine Auswahl aktueller Portale für Wohnungen und WGs. Du solltest Dir bewusst sein, dass Du Dich auf derart stark frequentierten Seiten einer großen Konkurrenz um die besten Wohnungen stellen musst. Gerade in Großstädten wie München oder Köln kommen dann auf eine Wohnung bis zu fünfzig Bewerber. Hab also Geduld und sei nicht deprimiert, wenn es nicht auf Anhieb klappt mit der Traumwohnung.

IMMOSCOUT24: größtes Immobilienportal im deutschsprachigen Raum, **www.immobilienscout24.de/wohnen**

WG-GESUCHT: Häuser, Wohnungen, Einzelzimmer, WGs, immer provisionsfrei, **www.wg-gesucht.de**

STUDENTEN-WG: ähnlich wie WG-gesucht, jedoch deutlich kleiner, **www.studenten-wg.de**

WG-CAST: nur für WGs, **www.wg-cast.de**

WG-SPION: die etwas andere Seite; normale Annoncen findest Du dort genauso wie unkonventionelle: »WG sucht junge Mitbewohner, die sich auch gern nackt in der WG bewegen wollen!«, **www.wg-spion.de**.

5.3
WARUM NICHT INS STUDENTENWOHNHEIM?

Studentenwohnheime haben auf den ersten Blick nur Vorteile. Sie liegen meistens wenige Meter von der Uni entfernt, werden nur von Studenten und somit auf den ersten Blick von Deinesgleichen bewohnt und sind deutlich günstiger als vergleichbar große Wohnungen in der Stadt. Dies führt dazu, dass die Nachfrage regelmäßig das Angebot übersteigt. Um einen Platz solltest Du Dich daher frühzeitig kümmern. Häufig bieten Studentenwerke offene Wartelisten an, auf die Du Dich bis zu einem halben Jahr vorher eintragen lassen kannst – selbst wenn Du noch gar keine Zusage von der Uni erhalten hast.

Vor einer Bewerbung solltest Du Dich gut informieren, wie genau das Wohnheim in Deiner Studentenstadt aussieht und Dir einige Fragen beantworten lassen:

Gibt es Einzelappartements oder WGs?

Einige Univerwaltungen bieten Uni-Appartements für Einzelpersonen an, die mit separater Küche vollständig ausgestattet sind. Größtenteils sind die verfügbaren Studentenwohnheimsplätze aber WG-Zimmer. Anders als in herkömmlichen WGs weißt Du vorher nicht, wer Deine Mitbewohner sind. Diese werden Dir im Normalfall von der Verwaltung des Wohnheims zugelost. So ist es einem Freund von mir passiert, dass er in einer WG mit drei Kochwütigen landete, die fast täglich um sieben Uhr morgens in der Küche ihre Menüs zubereiteten und scharfe Gerüche in der gesamten Wohnung verbreiteten.

Wie sind die Zimmer eingerichtet?

Wohnheime sind meist möbliert, mit Schreibtisch, Bett und Kleiderschrank. Für eine individuelle Gestaltung bleibt da wenig Raum. Dazu kommt je nach Standard des Wohnheims das gewöhnungsbedürftige Design der Möbel. Oft sind die Zimmer vor vielen Jahren eingerichtet worden und entsprechen optisch nicht mehr den neuesten Standards. Das Einschlafen in einem roten Bett mit Blick auf den roten Schreibtisch, den roten Kleiderschrank und die gelbe Tapete will also geübt sein.

Gibt es für jeden Bewohner ein eigenes Badezimmer?

Hat jede Wohnung oder WG eine eigene Küche? Gelegentlich gibt es sogenannte Nasszellen auf dem Flur und eine Gemeinschaftsküche ersetzt aus Platzgründen die Einzelküchen in den Wohnungen. Dass die Hygiene leidet, wenn bis zu zwanzig Personen diese Bereiche nutzen, ist klar. Die großen Küchen führen im Umkehrschluss aber zu schnellem Kontakt zu Mitbewohnern und einem gewissen Gemeinschaftsgefühl. Und wenn der italienische Austauschstudent für die BWL-Erstsemesterin Spaghetti kocht, kann Liebe bekanntlich durch den Magen gehen.

Wohnheimsplätze sind folglich nicht pauschal zu befürworten oder abzulehnen. Sollte die Option für Dich in Frage kommen, informiere Dich im Vorfeld über den Standard des Wohnheims. Ist dieser in Ordnung, kommst Du mit einem Wohnheimszimmer unter den oben genannten Rahmenbedingungen tatsächlich günstig weg.

5.4
WIE RICHTEST DU DEINE BWLER-WOHNUNG EIN?

Ob allein, WG oder doch im Wohnheim – ist das passende Zimmer gefunden, geht es an die Wohnungseinrichtung. Und schon tauchen wir tief ein in die Welt der BWLer. BWL-Zimmer sind anders eingerichtet als sonstige Studentenzimmer, sie muten eher an wie Zimmer eines Möchtegern-Berufsanfängers. Zwei Adjektive beschreiben sehr passend das Mobiliar eines typischen BWL-Studenten: dezent und effizient.

Ausflippen gehört nicht zu den Grundeigenschaften von BWLern, sie sind gesellschaftlich angepasst und so sehen auch Ihre Wohnungen aus. Wenn wir es auf den Punkt bringen wollen, so sind BWLer-Wohnungen langweilig eingerichtet. Die bevorzugten Farben sind weiß, schwarz oder grau. Es herrscht die schickere Linie von IKEA vor, die nur in Ausnahmefällen von extravaganteren Elementen unterbrochen wird. Größere, außergewöhnliche und oft kostbare Premiumelemente der Wohnung sind Erbstücke oder Geschenke der Eltern. Sie finden auf Druck der Eltern ihren Platz im Zimmer und passen mal recht, mal schlecht in das konservative Ambiente. Neben dem weißen IKEA BESTÅ Regal steht somit gern mal der alte braune Ohrensessel von Oma.

Die Wände werden – wie in allen Studentenzimmern – mit Collagen der besten Freunde oder der letzten Urlaube behängt. In der BWLer-Wohnung findet sich an der Wand darüber hinaus oft noch ein besonderes Bild aus dem Familienbestand. BWLer wollen mit diesem Bild ihren guten Geschmack, vor allem aber ihre Weltbürgerlichkeit ausdrücken. Abhängig von der finanziellen Ausstattung kann dieses Bild zum Beispiel ein Andy-Warhol-Poster aus der Frankfurter Ausstellung von 2012, ein Museum-of-Modern-Art-Kunstdruck vom letzten Besuch der Eltern in New York oder auch ein teuer gerahmtes altes Familienbild mit dem Porträt des erfolgreichen Großvaters sein.

BWLer-Wohnungen sind zwar langweilig, dafür aber äußerst zweckmäßig eingerichtet. Dieses Streben nach Effizienz ist sinnvoll, da das Studentenzimmer zumeist klein und Schlaf-, Lern- und Wohnraum in einem ist. Zur Grundausstattung des BWLer-Multifunktionszimmers gehören ein großer Teppich, ein Schreibtisch, schlichte und funktionelle Stühle, ein Sideboard, ein Schiebetürenkleiderschrank und eine Schlafcouch.

Teppich

Für einen BWLer ist der drei mal drei Meter große Teppich nicht nur die passende Unterlage für den Couchtisch, er ist gleichzeitig die Isolierung für den Boden, um Energie zu sparen und Heizkosten zu senken.

Schreibtisch und Stühle

Der Schreibtisch ist funktionell und lässt sich im Handumdrehen in einen Esstisch umwandeln. Hier sind BWLer geschickt und kaufen zumeist Tische mit Ausziehfunktion. Die dazugehörigen Stühle finden sowohl als Büro- als auch Esstischstühle Verwendung. Bei den Stühlen solltest Du darauf achten, Stühle mit besonders gutem Sitzkomfort zu kaufen und hier nicht zu sparen. Schließlich verbringt Dein Hintern einen Großteil des Tages auf diesem Möbelstück.

Kleiderschrank

Der Kleiderschrank ist groß und hat natürlich Schiebetüren. Diese sind nicht nur modern – und zum Glück fast immer in Weiß, Silber oder Schwarz zu bekommen –, sie nehmen auch wenig Platz in Anspruch.

Sideboard

Die gute alte Schrankwand ist out, es lebe das Sideboard. Als Ablage und als Standort des Fernsehers hat heutzutage jedes BWLer-Studentenzimmer ein Sideboard, obwohl die Wenigsten genau wissen, was das ist. Tatsächlich bieten Sideboards, oft kombiniert mit Regalböden, eine luftige Alternative zur altehrwürdigen Schrankwand.

Schlafcouch

Die Schlafcouch im Zimmer dient nicht nur als Sitzgelegenheit für Mädels- oder Männerabende, sie ist gleichzeitig Bett und lässt sich mit zwei Handgriffen umklappen. Dass durch die schlechte Matratze und die ungewöhnliche Form Schlafkomfort und Optik leiden, ist BWLern egal. Hauptsache, die Einrichtung ist effizient.

Sinnvolle Technik

Jeder Student braucht zu Hause eine gute Internetverbindung und einen funktionstüchtigen Computer. Für BWL-Studenten eignet sich hier am besten ein Notebook, denn vielfach wird an der Uni in Vorlesungen und Seminaren direkt mit dem Notebook gearbeitet. Auch auf einen Drucker im heimischen Studentenzimmer solltest Du als BWLer nicht verzichten. So vermeidest Du es, für jeden Ausdruck in den Copyshop laufen zu müssen. All diese Anschaffungen sind nicht billig. Glücklicherweise gibt es gerade im Bereich Technik und Telekommunikation zahlreiche Studentenrabatte, mit denen sich bares Geld sparen lässt.

Allmaxx: **allmaxx.de/students-only**

Studentenrabatte: **www.studentenrabatte.de**

Studententarife: **www.studententarife.org**

Geizstudent: **www.geizstudent.de**

Sparcampus: **www.sparcampus.de**

Studenten-Spartipps: **www.studenten-spartipps.de**

Unideal: **www.unideal.de/studentenrabatte**

Sinnlose Technik

Der BWLer kombiniert das oben genannte Technikfeuerwerk gern mit einer kleinen Hochglanz-Musikanlage. Diese ist zwar technisch armselig und hat einen schlechten Klang, sie sieht aber gut aus und ist darüber hinaus mit den neuesten Apple-Geräten kompatibel.

Zeitschriftenständer

In jede gute BWLer-Wohnung gehören eine Handvoll Zeitungen und Magazine. Das wirtschaftliche Tagesgeschehen spielt in BWL-Vorlesungen eine immer größere Rolle, ein Abo einer Tageszeitung wie der FAZ oder Süddeutschen Zeitung ist deshalb ratsam.

Bei den Magazinen zeigt die Gala die bunte Welt des Glamours, das Capital die graue Welt des späteren Berufsalltags. Damit nichts Gedrucktes die Ordnung stört, werden Zeitungen und Magazine fachgerecht im Zeitungsständer neben der Couch verstaut.

Pflegeleichte Grünpflanzen

Sollte es bunte Elemente in der BWLer-Wohnung geben, so sind dies meist die Grünpflanzen. Diese werden seltener wegen der Optik, sondern vielmehr zur Verbesserung des Raumklimas und der Sauerstoffqualität angeschafft. Der dezente Farn aus dem schwedischen Möbelhaus tut es da voll und ganz, eingebettet in einen schlichten Tontopf, natürlich in Weiß.

Zwar ist der BWLer nicht der geborene Sternekoch, nichtsdestotrotz bekommt auch die Küche den typischen BWL-Stempel verpasst. Einige wichtige Küchenaccessoires gehören in jede BWLer-Küche:

Die Nespresso-Kaffeemaschine

Wenn man sich als Student oder Studentin auch wenig leisten kann, so zeugt zumindest diese Kapselmaschine von Stilsicherheit und bedient den Wunsch des BWLers nach Luxus. In der Küche findest Du – prominent platziert – grüne, rote und blaue Nespresso-Kapseln. Viele BWL-Studenten vergessen aber, dass eine Tasse Kaffee aus der Nespresso-Kaffeemaschine über 35 Cent kostet, die Tasse herkömmlicher Filterkaffee aber nur etwa fünf Cent. Wenn in Lernhochphasen acht bis zehn Tassen am Tag verschlungen werden, geht die Nespresso-Liebe schnell ins Geld. Bilder vom schelmisch grinsenden George Clooney helfen da nicht über den leeren Geldbeutel hinweg.

Die Hausbar

Bei vielen BWL-Studenten findet sich in der Küche eine Auswahl harter Alkoholika. Standesgemäß sind dies die Klassiker Wodka und Gin, die nur als Markenprodukte ins Haus kommen und prominent in der Küche aufgestellt werden. Erstaunlicherweise hat darüber hinaus jeder BWLer eine Flasche Sekt oder Champagner im Kühlschrank. Der BWLer lebt im Glauben, dass jederzeit etwas Großes passieren könnte und man deshalb immer eine kalte Flasche »Puffbrause« parat haben müsse. Dass immer wieder ein Grund gefunden wird, die Flasche zu leeren, mag eher am Durst als am anhaltenden Erfolg der BWLer liegen.

Der Flaschenöffner

Er ist ein männerspezifisches Phänomen und doch so typisch für den BWL-Studenten, dass dieser Öffner nicht unerwähnt bleiben soll. In Männerwohnungen oder -WGs findest Du häufig angeschraubte Flaschenöffner an den Wänden. Diese ermöglichen es, ohne den Gebrauch einer zweiten Hand Bierflaschen zu öffnen. Der passende Mülleimer darunter zum Auffangen der Kronkorken ist selbstredend.

Deine BWLer Wohnung ist nun eingerichtet. Sie ist nicht besonders kreativ eingerichtet, dafür aber zweckmäßig und repräsentativ. Doch wer kommt eigentlich zu Besuch? Was sind die Mädels und Jungs aus Deinem Semester für Typen? So viel vorweg: Sie sind speziell.

6
DEINE MITSTREITER –
DIE BWL-KOMMILITONEN

Die Besonderheiten des BWL-Studiums zeichnen sich nicht nur durch die Art des Lernens und Arbeitens an der Hochschule aus. Zu einem nicht unbedeutenden Teil sind es Deine BWL-Mitstudenten, die das Studium und am Ende auch Dich prägen.

Diese Mitstudenten – im Hochschulfachjargon auch Kommilitonen[10] genannt – sind etwas sonderbar. Sie unterscheiden sich deutlich vom Rest der Studenten: durch ihre Kleidung, ihr Auftreten und ihre Charaktereigenschaften. Insbesondere die Kleidung könnte beim BWLer schon fast als Hochschuluniform durchgehen. Kapuzenpullover gelten als Rebellentum, Turnschuhe müssen von bestimmten Marken sein. Was Du an BWLer-Einheitskleidung im Schrank haben solltest, ist Inhalt der nächsten Seiten.

---

10 Kommilitonen bedeutet so viel wie Mitstudierende, ist als Begriff ein Überbleibsel aus alter Zeit, hält sich aber weiterhin im studentischen Wortschatz. Vermeide den Fehler, Deine Freunde als Mit-Kommilitonen zu bezeichnen, denn dies würde nichts anderes als Mit-Mitstudenten bedeuten. Du wirst bei diesem Fehler an Deiner neuen Hochschule schnell als Neuling verspottet und von Neunmalklugen belehrt.

6.1
WAS ZIEHST DU AN, DAMIT MAN DICH ALS BWLER ERKENNEN KANN?

BWLer erkennen ihresgleichen zuerst an der Kleidung. Aussehen und Kleidung sind wichtige Bausteine für den späteren Erfolg. Aus diesem Grund kleidet sich der BWLer eher wie eine Person, die bereits im Berufsleben steht und grenzt sich so ganz klar vom Rest der Studentenschaft ab. In vielen Fällen mangelt es jedoch an Stilsicherheit und BWL-Studentinnen erinnern oft eher an junge Frauen im Seniorenkleid als an junge Business-Models. Auch wenn Du Dich gegen ein derartiges Modediktat sträubst, so wirst Du schnell feststellen, dass Zugehörigkeit zur BWLer-Gruppe auch etwas mit Kleidung zu tun hat.

DER FRAUENKLEIDERSCHRANK

Denken wir an einen stereotypen BWL-Studenten fällt uns zumeist ein Mann ein. Dies hängt sicherlich damit zusammen, dass in unserer Geschäftswelt Männer immer noch die Wirtschaft dominieren. Frauen sind jedoch auf dem Vormarsch und beginnen, es den Männern mit einem konsequent-spießigen Kleidungsstil gleichzutun, der nicht unbedingt sehr weiblich ist, sie aber ihrer Ansicht nach seriöser erscheinen lässt. Der BWLerinnen-Stil ist an ganz besonderen Kleidungsstücken und Accessoires schnell auszumachen:

Schuhe

BWLerinnen tragen zu jeder Gelegenheit und Jahreszeit Ballerinas, diese flachen, nichts sagenden, aber auch nichts kaputt machenden Schlüpfschuhe. Sie erfreuen sich deshalb so großer Beliebtheit, weil sie ihrer Meinung nach so furchtbar praktisch sind. Sie finden sich in verschiedensten Farben im Kleiderschrank und sind somit zu jedem Outfit kombinierbar. Hier ist die Marke nicht entscheidend, nur schlicht sollten sie sein. Ballerinas werden nur in zwei absoluten Ausnahmefällen gegen andere Schuhe getauscht. Im ersten Fall werden die Ballerinas ersetzt, wenn die Damen der Betriebswirtschaft auf schicke Partys eingeladen sind oder die Discos der Stadt unsicher machen. Dann tragen sie zur großen Freude der männlichen Studenten gern High Heels. Die Freude währt allerdings nur kurz, denn die hohen Hacken sind unbequem – weil die BWLerin ja auch nicht regelmäßig übt, auf ihnen zu laufen – und so werden die schicken Schuhe meistens noch während der Party von langweiligen Ballerinas abgelöst, die die BWLerin von Welt in ihrer Handtasche mit sich trägt.

Im zweiten Fall werden die Ballerinas im Schrank gelassen, wenn es draußen bitterkalt ist, zehn Zentimeter hoher Schnee die Straßen und Bürgersteige belegt und halb Deutschland über den glatten Untergrund schimpft. Dann tauschen BWL-erinnen ihre Ballerinas gegen klobige Timberland-Schuhe. Hier ist die Marke im Gegensatz zu den Ballerinas wichtig. Es müssen die Originalschuhe sein, die sich aufgrund des hohen Preises in Deutschland viele Studenten von Freunden und Bekannten aus Amerika mitbringen lassen.

Das Beinkleid

Auch die BWL-Studentin kommt an der guten alten Jeans nicht vorbei. Hier sind Marken von großer Bedeutung, so dass die Jeans der Marke 7 for all mankind in vielen Kleiderschränken hängt oder ordentlich gefaltet liegt. Der besondere Schnitt dieser Jeans wird als Hauptgrund genannt, warum Frauen zweihundert Euro für diese Hose ausgeben. Völlig konträr zu dieser Aussage ist die Vorliebe der BWL-Studentin für Chinohosen, die eher maskulin wirken. Chinos hat die BWLerin in verschiedenen Farben im Kleiderschrank, je nach Mode knallig oder dezent. Nur im Sommer zeigt die BWL-Studentin Bein. Doch während andere Studentinnen mit ihren Reizen nicht geizen, Hotpants tragen und mit lockeren T-Shirts kombinieren, bleibt die BWL-Studentin ihrem Stil treu und trägt kurze Sommerhosen oder dezente Röcke.

Die Damenoberbekleidung

Wer im Business bestehen will, kleidet sich schick, jedoch nie zu körperbetont. Dieser Oberbekleidungsstil wird von der BWL-Studentin übernommen, die Blusen oder Tops in den Businessfarben Weiß, Rosa oder Blau trägt. Will sie besonders sportlich erscheinen, wählt sie Polohemden, die natürlich in den gleichen Farben wie die Blusen im Kleiderschrank vorrätig sind. Dazu kombiniert sie Strickpullover in Blau, Schwarz oder Rosa. Der Pullover hat dabei nicht nur die Funktion zu wärmen. Er ist auch ein modisches Accessoire und wird gern über die Schultern getragen, wobei die Ärmel vor dem Hals zu einem Knoten gebunden werden. Dieser zweifelhafte Stil wurde von Studenten aus den reichen Vororten der Großstädte an die Unis mitgebracht und hat dort schnell seinen

Siegeszug angetreten. Benannt nach einem wohlhabenden Düsseldorfer Stadtteil wird er in Fachkreisen auch »Oberkasseler Knoten« genannt.

Jacken

Jacken komplettieren für Frauen das Outfit und variieren je nach Wetterlage. Eine BWLerin trägt aber nicht irgendeine Jacke, es muss der beige, zeitlos elegante Trenchcoat sein, der in jedem Frühjahr oder Herbst zum Einsatz kommt. Für die Wintermonate hängt die dicke Daunenweste oder der flauschige Daunenmantel griffbereit, der selbst die schmalste BWLerin wie ein Michelin-Männchen aussehen lässt.

Accessoires

Handtaschen sind für Frauen ein wichtiges Modeaccessoire. Umso erstaunlicher erscheint daher, dass sich BWL-Studentinnen landauf und landab auf eine Handtasche einigen konnten: die Longchamp-Tasche. Sie ist tatsächlich sehr robust, dazu zeitlos und – und das ist ganz wichtig – in verschiedenen Farben erhältlich. So kann jede Frau ihren eigenen Stil über die Farbe ausdrücken. Und da Frauen gern viel ausdrücken, hat die BWL-Studentin meistens mehrere Ausführungen dieser Markenhandtasche.

Schmuck

Begegnest Du auf dem Campus einer Studentin mit Perlenohr-ringen, so kannst Du mit an Sicherheit grenzender Wahrscheinlichkeit davon ausgehen, dass sie eine BWLerin ist. Diese Schmuckstücke sind schon für unter zehn Euro bei Bijou Brigitte erhältlich.

Frauen aus gutem Hause legen aber Wert darauf, dass es sich bei ihren um echte Salzwasserperlen handelt.

Frisur

Die BWL-Studentin verzichtet auf aufwändige Hochsteckarbeiten und präferiert stattdessen einen tiefsitzenden Pferdeschwanz. Dieser wird von einem einfachen Haargummi zusammengehalten. Extravagante Haarspangen oder das 80er-Jahre-Zopfband sind selbstverständlich tabu.

Make-up und Parfüm

Ein dezenter Lidschatten, schwarze Wimperntusche, etwas Rouge, dazu ein fast neutraler Lippenstift, fertig ist das BWLerinnen-Make-up. Was sich einfach anhört, ist in Wahrheit Feinarbeit, denn es darf weder zu wenig noch zu viel Make-up sein. Eine BWLerin geht allerdings, im Gegensatz zu Studentinnen anderer Fakultäten, nie ungeschminkt aus dem Haus. Dazu gehört auch ein Duft. Für den täglichen Spritzer reicht ein Eau de Toilette, für den besonderen Tag muss es dann schon ein Eau de Parfum sein.

DER MÄNNERKLEIDERSCHRANK

Wie die Frauen, will auch der männliche BWL-Student mit seinem Outfit symbolisieren, dass er entweder bereits erfolgreich ist, aus erfolgreichem Hause kommt oder noch erfolgreich werden will. Auf Frauen strahlt er damit in vielen Fällen Attraktivität aus. Über das langweilige Outfit sieht die Damenwelt gern hinweg, denn hier scheint man einen Mann mit Geld an der Angel zu haben.

Willst Du als Mann auch dieses Image bekommen oder als Frau Deinem Freund dieses Image verpassen, beachte die folgenden Kleidungstipps:

Schuhe

Im Gegensatz zur Damenwelt variieren die Männer ihre Schuhauswahl je nach Jahreszeit. In den warmen Sommermonaten tragen männliche BWL-Studenten sogenannte Segelschuhe. Diese braunen Lederschuhe mit kräftiger Sohle heißen klassischerweise Bateau-Schuhe und werden mit oder ohne Socken getragen. Letzteres kann ich persönlich allerdings nicht empfehlen. Wer einmal erfahren möchte, wie sich Schweißfüße anfühlen, der trage Segellederschuhe ohne Socken. Alternativ sind Sneakers unter BWLern inzwischen salonfähig. Marken wie Lacoste oder Bikkembergs sollen sowohl von jugendlichem Charme als auch von Markenbewusstsein zeugen. Der BWLer vergisst dabei aber gänzlich, dass der Rest seines Outfits weiterhin hochgradig spießig ist und er so keinem Sportstudenten Konkurrenz machen kann.

In den kalten Wintermonaten, wenn Sneakers definitiv zu kalt sind, nähert sich der BWLer seinem weiblichen Pendant an und trägt ebenfalls Timberland-Schuhe. Die männliche Version der Schuhe ist zwar nicht weniger klobig, sie wirkt aber an einem 1,90 Meter großen und hundert Kilogramm schweren BWL-Studenten passender als die weibliche Ausführung an der zierlichen 52 Kilogramm leichten Studentin.

Beinkleid

Folgender Spruch aus den Asterix-Comics kann hier ohne weiteres in abgewandelter Form angewandt werden. Alle Fakultäten werden von Jeans tragenden Studenten dominiert. Alle? Nein, eine kleine Rechts- und Wirtschaftswissenschaftliche Fakultät leistet erbittert Widerstand. Sie trägt neben Jeans auch noch sogenannte Chinohosen. Klassisch schick sehen sie zwar spießig aus, sind aber sowohl zum Pullover als auch zum lockeren Sommersakko die richtige Wahl.

Oberbekleidung I

An der Oberbekleidung erkennt man den männlichen BWLer am deutlichsten. Hemden und Poloshirts sind seine Markenzeichen. Wer ein richtiger BWL-Student ist, hat 15 verschiedene klassische Hemden im Schrank. Diese unterscheiden sich zwar voneinander, Studenten anderer Fakultäten fallen die feinen Details der Hemden aber kaum auf. Mal ist das Hemd weiß, mal weiß mit dezenten blauen Streifen, mal ist es blau, mal blau mit Fischgrätenmuster. An warmen Tagen und zum lockeren Barbesuch trägt der BWLer Poloshirts. Ein Muss ist dabei der hochgestellte Kragen. Wer es auf die Spitze treiben will, trägt zwei Ralph-Lauren-Polohemden übereinander. Dabei ist zu beachten, dass die Farbe des unteren Polohemds abgestimmt ist auf die Farbe des Reiters des darüber getragenen Shirts. Natürlich sind beide Kragen hochgestellt.

Oberbekleidung II

Neben den Hemden schmückt mindestens ein Bügel mit einem schwarzen Anzug den BWLer-Kleiderschrank. Dieser hängt dort nicht umsonst. Viele BWLer tauchen schon früh in Form von Praktika oder Büronebenjobs in die Arbeitswelt ein. Dort wird oft schon von Praktikanten angemessene Kleidung verlangt. Wenn Du Dir also etwas Sinnvolles von Großeltern, Tante oder Onkel schenken lassen willst, geh mit Ihnen zu Peek & Cloppenburg und such Dir einen schicken, schwarzen Anzug aus. Denn den wirst Du später – im Gegensatz zur billigen Apple-Verschnitt-Anlage – definitiv gebrauchen können.

Frisur

Der gemeine BWLer neigt zur Standardfrisur und entscheidet sich für den konservativen Kurzhaarschnitt. Dieser ist pflegeleicht und unauffällig. Wer etwas wagen will, lässt die Mähne wachsen und wählt die extravagante Trendfrisur. Die Matte wird mit anderthalb Tuben Wella nach hinten gegelt und hält so stärksten Wettereinflüssen stand.

Wir sehen, der männliche BWL-Student tut einiges dafür, seriöser und älter zu wirken als er wirklich ist.[11] Experimente kommen der BWLerin und dem BWLer nicht ins Haus. Durch diese fast uniforme Kleidung sind echte Typen weniger an der Schale als vielmehr am sozialen Hintergrund und ihrem Auftreten zu erkennen.

---

11 Dieses Phänomen beobachtet man im Übrigen in umgekehrter Form beim BWLer im höheren Alter. Dieser beginnt mit fünfzig gern damit, jugendlich wirken zu wollen, und macht mit Sneakers, buntem Polohemd und langen, gegelten Haaren die Fußgängerzonen der Großstädte unsicher.

6.2
DIE FÜNF BWLER-STEREOTYPEN

Als BWL-Student oder -Studentin lernst Du im Gegensatz zu anderen Studienfächern eine große Bandbreite an Gesellschaftstypen kennen. So unterschiedlich sie auch sind, jeder Einzelne für sich kann für Dich von unschätzbarem Wert für Deine weitere Karriere oder ein gelungenes Studentenleben sein. Drei Männer- und zwei Frauentypen kommen gehäuft vor und sollen hier kurz vorgestellt werden.

MÄNNERTYP EINS ist der klassische Akademikersohn, dessen Vater bereits Manager, Wirtschaftsprüfer oder Unternehmer war oder ist. Der Typ Sohn ist am Wirtschaftsgymnasium eines reichen Hamburger Vororts zur Schule gegangen, hat mehrere Sprachurlaube hinter sich, ist durch und durch verwöhnt und hatte noch nie einen Ferienjob. Sein Vater kennt sie alle: den alten Freund Wolfgang aus der Verbindung, der jetzt im Vorstand eines DAX-Unternehmens ist, und den Golfkumpel Armin vom Bergschlösschen, der eine eigene Werbeagentur mit Ableger in Istanbul hat. Und natürlich auch den Nachbarn Frank, von seinen Freunden nur Frankie genannt, der auf der letzten Kreuzfahrt mit Bob Murphy – Chef von Softshell Industries – am Kapitänstisch saß und 56er schottischen Whisky getrunken hat.

Für Dich wird Typ eins später wichtig als Verbindungsknüpfer zur freien Wirtschaft. Wenn Papa die Kumpels anruft und diese ihre Beziehungen spielen lassen, sind Bewerbungen nicht mehr nötig. Vorstellungsgespräche werden zu reinen Pro-forma-Veranstaltungen und dienen der Legitimation in der Personalakte. Nutze also dieses hochdosierte Vitamin B und scheue nicht den Kontakt zu den oberen Zehntausend.

MÄNNERTYP ZWEI ist der Streber der Schulzeit, der sich im Mathe-LK ständig Wurzel-Knack-Battles mit dem Mathelehrer lieferte. Er will nun sein Zahlengenius in bares Geld als Finanzexperte oder verschrobener Universitätsprofessor ummünzen. Typ zwei hat bereits erste Erfahrungen mit der freien Wirtschaft gesammelt, indem er tagsüber Webseiten für Start-ups programmiert und nachts online an der Börse in Tokio zockt. Er ist eher ein Berufslangweiler, sind seine Hobbys doch Schach und Rollenspiele.

Auch den Kontakt zu diesem Typus solltest Du hegen und pflegen. Sie haben stets alle Unterlagen durchgearbeitet, kennen jegliche Klausurfallen und haben nicht weniger als die Bestnote 1,0 als Klausurziel im Sinn. Derartig gut vorbereitete Kommilitonen können ein ganz wichtiger Bestandteil Deiner Lerngruppe sein.

MÄNNERTYP DREI ist Angehöriger der Gruppierung »Hoffnung«. Er ist ausgestattet mit dem Traum, eines Tages Deutschlands größter Handyladenbesitzer zu sein mit dem innovativen Mobilfunk-Discountkonzept »McHandy«.

Von ihm lernst Du die wichtigsten Zutaten eines guten BWLers: sich und ein Produkt perfekt zu verkaufen. Dieser Typus wird oft als geborener Verkäufer bezeichnet, vieles ist jedoch antrainiert. Er musste sich im harten Freundeskreis behaupten und weiß durch diesen tagtäglichen Kampf auf jede noch so ablehnende Bemerkung eine dumme Antwort. Ideale Voraussetzungen, um selbst Beduinen Sand zu verkaufen. Er ist sich dieser Fähigkeiten durchaus bewusst und arbeitet – im Gegensatz zum Sohn reicher Eltern – nebenher. Er verdient sein Geld als Promoter in deutschen Supermärkten und bringt vom linksgedrehten Joghurt über die ADAC-Plusmitgliedschaft bis zum Dunkelbierkasten aus der dunkelsten Ecke Deutschlands alles an den Mann und die Frau. Wo normale Promoter verzweifeln, wo aufgestylte Blondinen zaudern und erfahrene Bierverkäufer maximal drei Kisten des innovativen Gesöffs unters Volk bringen, schafft er den Rausverkauf einer kompletten Palette Bierkisten an Personen aller Schichten.

Auch zwei Frauentypen stechen aus der Masse der BWL-Studentinnen hervor und sollen deshalb besondere Erwähnung finden.

FRAUENTYP EINS ist die Karrierefrau, die schon seit der Schulzeit klare Ziele im Kopf hat. Sie will den Beweis antreten, dass Frauen mindestens genauso erfolgreich wie Männer sein können, und schätzt ihre Chancen mit einer betriebswirtschaftlichen Ausbildung am größten ein. In ihrem Kopf ist sie in zehn Jahren die einflussreichste Frau der Welt oder zumindest im Vorstand eines DAX-Konzerns. Von ihr kannst Du Beharrlichkeit und Durchsetzungsvermögen lernen. Sie lässt sich nicht beirren und kämpft mit aller Vehemenz für sich und ihre Ideale. Gegenwind ist ihr egal, fast erinnert sie an die Atomkraftgegner der 80er Jahre. Allerdings trägt sie nicht selbstgestrickte Pullover, sondern strenge, langweilige Kleidung wie Hosenanzüge oder Rollkragenpullover. Kleidung und Aussehen sollen kein Türöffner sein, weshalb sie ihre Weiblichkeit so gut es geht versteckt. Anteilnahme oder Gemeinschaftssinn kannst Du von ihr nicht erwarten, schließlich sind in ihren Augen auch Wirtschaftsbosse knallharte Typen.

Völlig entgegengesetzt zu Typ eins verhält sich **FRAUENTYP ZWEI.** Sie hat kein großes Interesse am Studium und einer steilen Karriere. Für das Fach BWL ist sie aus zweierlei Gründen eingeschrieben. Zum einen weiß sie noch nicht so richtig, was sie später machen soll und hat deshalb die breitangelegte Betriebswirtschaftslehre gewählt. Zum anderen bietet die Studentenschaft eine überdurchschnittlich große Auswahl an Herren aus gutem und vor allem solventem Hause. So könnte sie im Glücksfall im Studium einen reichen und erfolgreichen Prinzen kennenlernen. Sie träumt vom großen Haus im noblen Vorort, zwei bis vier süßen Kindern, einem Range Rover und dem Golden Retriever auf der Rückbank.

Sie ist im festen Glauben, dass ihr während des Studiums genau dieser Prinz begegnen wird, weshalb sie – anders als die anderen BWLer – das Studium als nebensächlich ansieht und eher die Vorzüge des lockeren Studentenlebens genießt. Gemütliches Kaffeetrinken steht fast täglich auf der Agenda, so dass sie sich eher schlecht als recht durchs Studium manövriert.

Alle fünf Typen werden natürlich überzogen dargestellt. Dein späterer Freundeskreis wird sich sicherlich aus noch ganz anderen Charakteren zusammensetzen, die viel normaler sind. Doch einige Deiner neuen Freunde werden in Teilen Eigenschaften der oben genannten Stereotype mitbringen. Du solltest diesen Eigenschaften nicht mit einer Antihaltung begegnen, sondern sie bewusst nutzen. Denn das BWL-Studium ist neben der Vermittlung von Inhalten vor allem eins: Der Aufbau eines Netzwerks an Personen, die Dir in allen privaten und beruflichen Lebenslagen weiterhelfen können.

6.3
AN WELCHEN CHARAKTEREIGENSCHAFTEN ERKENNST DU DEN BWL-STUDENTEN?

Es gibt zwar verschiedenste Typen im BWL-Studium, doch einige Charaktereigenschaften haben alle BWLer gemein. Deshalb möchte ich im Folgenden überspitzt die auffälligsten Charaktereigenschaften des BWL-Studenten darstellen. Sie sollen Dir helfen, das Verhalten Deiner Kommilitonen besser zu verstehen und gegebenenfalls auch die positiven Aspekte der folgenden Aufzählung zu würdigen.

DER BWLER ZEIGT, WAS ER HAT

Statussymbole sind dem BWL-Studenten sehr wichtig. Sie zeugen davon, dass man sich etwas leisten kann. Früher war es die teure Uhr, heute ist es das Mobiltelefon, das gern und offen zur Schau gestellt wird. Die iPhone-Quote unter BWLern ist die höchste aller Studenten, viele surfen darüber hinaus auf dem Hochschulcampus – am besten für jeden ersichtlich – mit der neuesten iPad-Generation im Internet.

DER BWLER IST EIN MARKENFETISCHIST

Während das gemeine Volk die Aldi-Eigenmarke kauft, gibt sich der BWLer nicht mit No-Name-Produkten ab und trinkt stattdessen ausschließlich Hohes C. Selbst wenn der BWL-Student wenig Geld zur Verfügung hat, weiß er sich zu helfen und kauft im Angebot. So kannte ich einen BWLer, der sich den halben Keller voll Hohes C gepackt hatte, weil der Saft satt 1,49 Euro im Angebot nur 1,29 Euro kostete.

DER BWLER SCHAFFT SICH SCHON IM STUDIUM EIN MÖGLICHST GROSSES NETZWERK

BWLer haben besser als alle anderen Studiengänge erkannt, dass Networking ein Schlüssel zum Erfolg ist. Wer die richtigen Leute kennt, der bringt es im Leben weiter. Deshalb kennt der BWLer Gott und die Welt und hat Hunderte von Nummern im Handy. Während meines Studiums legte einmal ein Kommilitone zwei Handys auf den Tisch. Ich fragte ihn – er war Student, hatte keinen

Nebenjob und damit auch definitiv kein Firmenhandy –, warum er zwei Handys besitze. Er antwortete trocken: »Weil nicht alle Kontakte in das eine Handy passen.«

DER BWLER IST IMMER AUF DER SUCHE NACH DEM GROSSEN GELD

Die Suche nach der richtigen Geschäftsidee bekommst Du mit dem ersten Semester eingeimpft. Alle um Dich herum überlegen ständig, welches Geschäftsmodell es noch nicht gibt oder wie aus bestehenden Geschäftsmodellen noch mehr herausgeholt werden kann. Selbst der sonntägliche Brunch mit Freunden wird so zur Diskussionsrunde. Nach halbstündigem Hin und Her wird dann festgehalten, dass das gemütliche Café einen Anbau vertragen könnte und man dort eine Kinderspielecke einrichten müsse, um auf diese Weise wohlbetuchte junge Familien anzulocken und den Umsatz zu steigern. Dass man damit jede studentische Gemütlichkeit zugrunde richtet, wird völlig außer Acht gelassen.

DER BWLER IST ICHBEZOGEN

Ein Student der Betriebswirtschaftslehre lebt voll und ganz in seiner kapitalistischen Welt. Begriffe wie sozial und Gemeinschaft kommen da nur am Rande vor und haben immer den Zweck, den Erfolg jedes Einzelnen zu maximieren. Deshalb ist sein Antrieb auch nicht die Gemeinschaft. Er allein möchte Kohle machen, er allein möchte erfolgreich sein. Viele BWL-Studenten halten deshalb ihre Sachen zusammen und sind äußerst geizig. Andere Studenten schmeißen eine Party, haben Spaß am schönen Abend und machen sich über die Kosten erst später Gedanken. Der BWLer verlangt Eintritt oder fordert zumindest alle Gäste auf, reichlich Essen und Getränke mitzubringen, um das eigene Budget nicht über Gebühr zu belasten.

In dieser Aufzählung kommt der BWLer nicht sonderlich gut weg; Ansehen, Erfolg und Geld scheinen dem gemeinen BWLer sehr wichtig zu sein. Doch heißt das im Umkehrschluss, dass unter BWL-Studenten Gemeinschaft und Spaß keinen Platz finden? Nein. BWLer sind gewiss zielstrebiger und bis zu einem gewissen Grade auch verbissener als andere Studenten. Der Spaß aber kommt auch unter BWL-Studenten definitiv nicht zu kurz. Für Dich gilt es, die Spaßvögel unter den BWL-Langweilern zu finden. Fang damit am besten direkt am Anfang des Studiums an. Das im nächsten Kapitel erklärte Vorsemester ist dafür der perfekte Zeitpunkt.

7
DAS BACHELORSTUDIUM
–
EIN STUDIUM IN ETAPPEN

Du weißt nun, wie Du am besten nebenher Geld verdienst, welche Hochschule für Dich geeignet wäre, wie Du eine Wohnung findest und welche Typen Dich im Studium erwarten. Doch noch haben wir uns keine Minute mit dem Essenziellen beschäftigt: dem Studium an sich. In diesem Kapitel dreht sich alles um das BWL-Bachelorstudium, doch klären wir vorab den Begriff Bachelor. Das Wort »Bachelor« lässt sich auf das lateinische »Bakkalaureus« zurückführen, was so viel wie »mit Lorbeeren gekrönt« bedeutet. Der Meinung einiger Professoren nach ließe sich der Begriff Bachelor eher von der RTL-Fernsehserie Der Bachelor ableiten: schön zurechtgemacht, auf niedrigem Niveau, mit einem unspektakulären Ende und ohne langfristiges Happy End. Ganz daneben liegen diese Kritiker nicht, denn das heutige Bachelorstudium ist nichts anderes als die Spar- und Kurzversion des alten BWL-Diploms.[12] Doch die Zeiten lassen sich nicht zurückdrehen. Es gilt vielmehr, das Beste aus den neuen Gegebenheiten zu machen. Dieses Kapitel will seinen Beitrag dazu leisten.

---

12 Hintergrund der Einführung des Bachelors war der Wunsch, Abschlüsse international vergleichbarer zu machen und den Austausch – sowohl in der Lehre als auch in der Forschung – zu vereinfachen.

Zuerst erklären wir einige Grundbegriffe des BWL-Bachelorstudiums und beschreiben kurz und bündig die Fächer und deren Inhalte. Für vertiefende Informationen zu den einzelnen Fächern sollte Fachliteratur gewälzt werden. Ich rate Dir aber, Dich im Vorfeld nicht zu viel mit den einzelnen Fächern zu beschäftigen. An jeder Hochschule beginnen die Kurse bei null. Darüber hinaus ist die Strukturierung der Fächer an jeder Hochschule anders, zu viel Detailwissen aus Büchern könnte Dich da mehr verwirren als Dich weiterbringen.

Beachte lieber Grundsätzliches: Wie bewältige ich den Start ins Hochschulleben? Welche Fächer belege ich zuerst? Wie finde ich die für mich passenden Spezialisierungsfächer? Und was muss ich mir an Zusatzqualifikationen unbedingt aneignen? Das Kapitel geht dabei bewusst chronologisch vor, startet mit dem Vorsemester und endet mit der Bachelorarbeit.

7.1
DAS VORSEMESTER – DER START INS STUDIUM

Für alle Studenten ist das Studium der Start in eine neue Welt. Kannte man in der Schule oder am Ausbildungsplatz jede Person und jeden Winkel, ist nun das komplette Umfeld neu. Viele – auch mir erging es so – gehen am ersten Tag mit einem flauen Gefühl im Magen an die Hochschule. Finde ich den Hörsaal? Wer wird neben mir sitzen? Stehe ich in der Mensa allein in der Schlange und werde von allen beobachtet? Keine Sorge, mit diesen Gedanken bist Du nicht allein. Schalte deshalb auf Angriff und nutze gerade die ersten Wochen zur Kontaktaufnahme und –pflege.

Die beste Gelegenheit, die Hochschule, Deine Mitstreiter kennenzulernen, ist das sogenannte Vorsemester (oft auch Orientierungswochen genannt), wie sie an ganz vielen Hochschulen angeboten werden. Meist lädt Dich die Hochschule, nachdem Dein Studienplatz bestätigt wurde, selbst dazu ein. Wenn es an Deiner Hochschule vor dem eigentlichen Semester ein Vorsemester geben sollte, solltest Du unbedingt hingehen! Das Vorsemester dauert in der Regel zwei Wochen und findet unmittelbar vor Semesterstart statt.

Doch was ist Inhalt dieses Vorsemesters? Der Kern ist meist ein Einführungskurs, in dem die Grundlagen von Fächern wie Wirtschaftsmathematik oder Buchführung erklärt werden. Das eigentlich Spannende an diesen zwei Wochen sind aber die zahlreichen Infoveranstaltungen und Partys. Diese sind zum einen von der Hochschule selbst organisiert, zum anderen von studentischen Organisationen und Bars der Stadt, die auf der Suche nach neuen Mitgliedern oder Gästen im wahrsten Sinne des Wortes die Puppen tanzen lassen. Folgendes solltest Du Dir für diese zwei Wochen vornehmen:

SEI OFFEN

Diese zwei Wochen sind die wichtigste Zeit der Kontaktaufnahme. Setze Dich in der ersten Vorlesung bewusst direkt neben jemanden. Nutze jede noch so ungewöhnliche Gelegenheit und sei es nur das Anstehen in der Mensaschlange. Ich selbst habe an meinem ersten Tag die Jungs vor mir in der Schlange gefragt, wie das mit dem Hauptgericht »Hirschbraten Hubertus« funktioniert. Beide – ebenfalls BWL-Erstsemester – haben mir geholfen, sind mit mir Essen gegangen und sind noch heute zwei meiner besten Freunde. Nutze also jede Gelegenheit zur Kontaktaufnahme, es muss aber nicht der »Hirschbraten Hubertus« sein.

KANN MAN IM RAHMEN DES VORSEMESTERKURSES EINE PRÜFUNG ABLEGEN, DANN SOLLTEST DU UNBEDINGT HINGEHEN UND DIESE ERNST NEHMEN

An einigen Hochschulen gibt es die Möglichkeit, im Vorsemester die ersten Prüfungen abzulegen, zum Beispiel in einem Fach wie Buchführung. Dieser Kurs ist eine einmalige Gelegenheit, den Stoff eines Faches komprimiert und zeitlich konzentriert vermittelt zu bekommen. Mit einer bestandenen Prüfung hast Du noch vor Semesterstart ein erstes Erfolgserlebnis und entzerrst darüber hinaus Deinen Stundenplan im Semester.

KANN MAN KEINE PRÜFUNG ABLEGEN, GEH TROTZDEM ZUM VORSEMESTERKURS, ABER NIMM IHN NICHT ZU ERNST

Wenn der Kurs lediglich als Vorbereitung auf spätere Studieninhalte dient, dann ist nicht jedes Detail zwingend mitzuschreiben. Ich habe im Mathevorkurs – aus lauter Panik, etwas zu verpassen – 47 Seiten handschriftlich mitgeschrieben. Obwohl ich später kein einziges Mal mehr in die Unterlagen geschaut habe, habe ich die Klausur dennoch bestanden. Der Vorkurs ist ein netter Begleitumstand und erfüllt vor allem den Zweck des Kennenlernens, um dann mit ersten Freunden über den gestrigen Abend zu plaudern und später gemeinsam in der Mensa zu essen.

NUTZE DIE INFOVERANSTALTUNGEN DER HOCHSCHULE

Im Vorsemester bieten fast alle BWL-Fakultäten Infoveranstaltungen an. Diese werden meistens von Studierenden höherer Semester geleitet, die Stadt, Hochschule und Semesterplan persönlich vorstellen. Die Veranstaltungen haben zwei schöne Effekte: Erstens lernst Du Deine Kommilitonen in einer kleinen Gruppe persönlicher kennen und zweitens kannst Du Fragen stellen ohne Ende. Tipps von alten Hasen helfen sehr. Ohne Infoveranstaltung bei minus sechs Grad Celsius herausfinden zu müssen, dass der Copyshop um neun Uhr morgens noch nicht geöffnet hat, macht keinen Spaß.

NIMM AN SO VIELEN VERANSTALTUNGEN WIE MÖGLICH TEIL

In diesen Wochen entscheidet sich, ob Du Dich an der Hochschule wohlfühlen wirst oder nicht. Geh zu Partys und Infoveranstaltungen, an denen es in den ersten zwei Wochen nicht mangelt. Vereine versuchen, Mitglieder zu ködern, politisch motivierte Studentengruppen preisen ihre Programme an, Verbindungen werben um trinkfreudige Männer. Alles Anlässe, bei denen man günstig an Essen und Getränke herankommt. Und wie lernt man besser neue Leute kennen als abends beim Bier, Wein oder Prosecco?

Freu Dich also auf zwei ereignisreiche Wochen mit vielen Antworten auf Deine Fragen, vielen Partys und neuen Freunden. Du wirst sehen, dass Du Dich durch diesen Crashkurs bereits nach zwei Wochen sicher auf dem Hochschulparkett bewegen wirst.

7.2
GRUNDBEGRIFFE – REGELSTUDIENZEIT, CREDITPOINTS UND CO.

Nach den ersten zwei Wochen der Eingewöhnungsphase startet das eigentliche BWL-Bachelorstudium. Der Aufbau des Bachelorstudiums ist von Hochschule zu Hochschule verschieden. Aus diesem Grund möchte ich hier nur einige Grundbegriffe klären, um Dir den groben Aufbau des Studiums näherzubringen. Die wichtigen Bereiche der Pflichtfächer, Spezialisierungsphase, Zusatzqualifikationen und der Bachelorarbeit werden im Anschluss noch einmal ausführlich besprochen.

REGELSTUDIENZEIT

Das BWL-Bachelorstudium ist auf sechs Semester ausgelegt, weshalb man auch von der sechssemestrigen Regelstudienzeit spricht. Wie es das Wort »Regelstudienzeit« ausdrückt, folgt das Bachelorstudium klaren Regeln: Die ersten drei Semester dienen dazu, die

Grundlagen zu legen. Im späteren Verlauf des Studiums kannst Du Deine eigenen Schwerpunkte setzen und Dich spezialisieren. Das Studium schließt mit der sogenannten Bachelorarbeit, Deiner wissenschaftlichen Arbeit mit einem mehr oder weniger frei gewählten Thema.

CREDITPOINT-SYSTEM

Egal ob Pflichtteil oder Spezialisierungsphase, für jede bestandene Prüfung gibt es sogenannte Creditpoints. Diese werden nach dem European Credit Transfer System (ECTS) vergeben und variieren zwischen sechs und zwanzig Punkten. Insgesamt brauchst Du 180 Creditpoints, um Dein BWL-Studium mit einem Bachelor abzuschließen.[13]

Doch wieso diese Punktzahlen und warum haben einzelne Fächer höhere Punktzahlen, andere niedrigere? Ein ECTS-Punkt oder besser ein Creditpoint entspricht angeblich einem Arbeitsaufwand des Studierenden von rund dreißig Stunden. Für das Erlernen einzelner Fächer wird gemeinhin weniger Zeit benötigt (sechs Punkte = 180 Stunden), andere Fächer sind zeitintensiver (12 Punkte = 360 Stunden). Daher kannst Du einfach errechnen, wie viele Stunden Du in Dein Studium investieren musst:

▶ Studium = 180 Punkte = **5.400 Stunden**
▶ Bei einem Achtstundenarbeitstag sind 5.400 Stunden = **700 Arbeitstage**
▶ Auf drei Jahre Studium gerechnet = ca. **233 Arbeitstage pro Jahr**

---

13 Es gibt vereinzelt Ausnahmen mit geringerer oder höherer Punktzahl, die meisten Hochschulen halten sich aber an die Punktzahl von 180.

Wenn man bedenkt, dass ein deutscher Arbeitnehmer im Schnitt etwa 230 Tage im Jahr arbeitet, sind die Studenten gar nicht mal so faul wie immer behauptet wird. Und während sich der deutsche Arbeitnehmer nach der Arbeit schön auf die Couch legen kann, machen Studenten in ihrer »Freizeit« oft Nebenjobs oder Praktika.

AUFBAU DES STUDIUMS

Jede Fakultät hat einen eigenen Aufbau des BWL-Bachelorstudiums. Das hier gezeigte Beispiel skizziert das Bachelorstudium im Fach BWL an der Freien Universität Berlin.

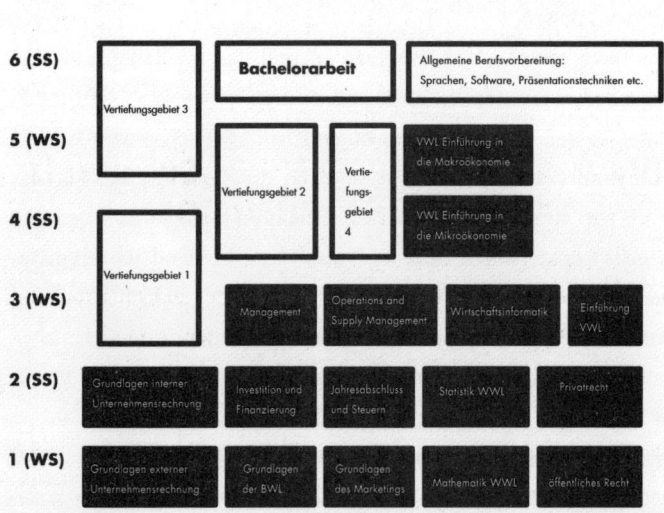

Sem.   Bachelor-Studiengang BWL, Bachelor of Sciences

WS: Wintersemester (Vorleungszeit Oktober bis Februar) SS: Sommersemester (Vorlesungszeit April bis Juli)

Quelle:www.wiwiss.fu-berlin.de/studium-lehre/bachelor/bwl/BWL-Bachelor_03_2011_final.pdf?1353075302, S. 16 (abgerufen 21. Februar 2013).

Der Aufbau des Bachelorstudiums Betriebswirtschaftslehre lässt sich in vier Bereiche untergliedern:

1. **Pflichtfächer**

2. **Spezialisierungsfächer**

3. **Zusatzqualifikationen**

4. **Bachelorarbeit**

Eine ausführliche Beschreibung aller vier Bereiche findest Du in den nächsten Abschnitten.

7.3
DIE ERSTEN SEMESTER – BASISARBEIT UND PFLICHTPRÜFUNGEN

In den ersten Semestern gilt es, sich im Dschungel BWL-Studium zurechtzufinden und erste Grundlagen zu legen. An jeder Hochschule gibt es zum Start Pflichtfächer, in denen die unbedingt notwendigen Grundkenntnisse einer wirtschaftswissenschaftlichen Ausbildung vermittelt werden. Jeder BWLer sollte wissen, wie man eine Bilanz liest, Statistiken auswertet oder was eine Wertschöpfungskette ist. Beispiele für Pflichtfächer sind Mathematik, Statistik oder Buchführung, aber auch die Grundzüge der

Betriebswirtschaftslehre, Volkswirtschaftslehre oder des Wirtschaftsrechts. Nicht umsonst werden diese Fächer auch als das kleine Einmaleins der Betriebswirtschaftslehre bezeichnet.

Verständlich ist deshalb die Regel vieler Hochschulen, die nach drei Semestern auch eine Mindestpunktzahl aus bestandenen Pflichtfächern verlangen, um weiterstudieren zu können. An der Uni Düsseldorf müssen zum Beispiel innerhalb der ersten drei Semester 36 Punkte aus Pflichtfächern erbracht werden. Dies schafft einen gewissen Druck und Herumgammeln gilt es, tunlichst zu vermeiden. Allerdings wird mit diesem System auch das Kennenlernen, Ausprobieren und Reinschnuppern in die verschiedenen Fächer der BWL regelrecht eingedämmt.

An manchen Hochschulen müssen gewisse Pflichtprüfungen sogar schon nach dem ersten Semester abgelegt werden. Es zahlt sich also aus, wenn Du bei diesen Veranstaltungen umso gründlicher mitarbeitest. Wer fleißig ist, wird zumeist auch belohnt, denn insgesamt gesehen sind die BWL-Klausuren kein Hexenwerk. Wo Mathe- oder Physikstudenten ganz neue Windungen ihres Gehirns ansprechen und komplexe Formen entwickeln, wo Medizinstudenten die 210 Knochen des menschlichen Körpers auswendig lernen, reicht bei BWL-Studenten in einigen Klausuren oft der gesunde Menschenverstand, um sogar eine ordentliche Punktzahl zu erreichen.

Zugegebenermaßen gibt es eine große Divergenz zwischen schwierigen und leichteren Klausuren. Der Klassiker unter den Fächern zum »Aussieben« ist das Fach Mathematik. Durchfallquoten von bis zu siebzig Prozent sind hier keine Seltenheit. Der Grund liegt aber in den seltensten Fällen im Können der Studenten als vielmehr im mangelnden Fleiß und der unzureichenden Übung der Fälle. Wie Du hier am besten vorgehst, vermittelt Dir *Kapitel 8 Das richtige Lernen.*

Klausurwiederholungen

Die größte Sorge Studierender aller Fachrichtungen – da bilden BWLer keine Ausnahme – ist das Durchfallen durch eine Klausur. Deshalb ist die zweitmeistgestellte Frage in der Studienberatung, direkt nach der Frage zum ungeliebten Numerus clausus: Wie oft darf ich durch eine Klausur fallen? Hier gibt es keine einheitliche Regelung, jede Hochschule bestimmt ihr eigenes System. An einigen Hochschulen darf man zweimal durch die Prüfungen rasseln und hat somit drei Versuche. Andere Hochschulen setzen auf ein sogenanntes Malus-System. Für jede nicht bestandene Prüfung gibt es negative Punkte. Nach einer gewissen Anzahl an negativen Punkten ist das Studium für Dich beendet. So kann es in diesem System sein, dass Du dreimal durch die Matheklausur fallen darfst, wenn Du alle restlichen Prüfungen im ersten Versuch bestehst. Andersherum kann bereits nach dem zweiten Versuch Mathematik Schluss für Dich sein, wenn auch die restlichen Prüfungen im ersten Versuch in die Hose gegangen sind.

Um herauszufinden, welches System an der jeweiligen Hochschule greift, hilft nur ein Blick in die Prüfungsordnung. In ihr sind alle Wiederholungsregeln aufgeführt, sie ist sozusagen die Hausordnung für das BWL-Studium. Lies sie also vor Studienstart aufmerksam, damit es nachher kein böses Erwachen gibt.

Tritt der – für Dich natürlich völlig außergewöhnliche – Fall auf, dass Du im letzten Semester durch eine Prüfung fällst, sind die Wiederholungsprüfungen meistens direkt in der ersten Semesterwoche des nächsten Semesters. Und da Du sicherlich nicht in den ohnehin kurzen Semesterferien ständig am Schreibtisch sitzen und den Kopf in die Bücher stecken willst, solltest Du lieber vorher fleißig sein. Das sagt zumindest der Moralapostel.

Die Pflichtfächer sind an jeder Hochschule unterschiedlich, dennoch gibt es ein Grundgerüst von Fächern, das zum Pflichtprogramm jeder Hochschule gehört. Einen guten Überblick bietet hier die FU Berlin. Die Pflichtfächer und deren Beschreibung werden im Folgenden aufgeführt und sollen Dir einen ersten Einblick geben, was Dich in den ersten Semestern erwartet:[14]

GRUNDLAGEN DER BWL

In diesem Modul erhältst Du einen Überblick über die zentralen Fragestellungen der modernen Betriebswirtschaftslehre. Du lernst, betriebswirtschaftliche Problemlösungen im Zusammenhang zu verstehen, betriebswirtschaftliche Modelle zu analysieren und auf praktische Fragestellungen anzuwenden.

Dabei beschäftigst Du Dich zum Beispiel mit Rechtsformen für Unternehmen, der Unternehmensverfassung, betrieblichen Wertschöpfungsprozessen, der betrieblichen Planung oder mit Unternehmensstrategien.

---

14 Vgl.: www.wiwiss.fu-berlin.de/studium-lehre/bachelor/studieninhalte/inhalte-bwl (abgerufen 21. Februar 2013)

GRUNDLAGEN DER VWL

Dieses Modul vermittelt Dir die Inhalte, Begriffe und Methoden der Volkswirtschaftslehre.

Vermittelt werden Grundkenntnisse der Bedeutung von Knappheit und Wahlmöglichkeiten, der Rolle von Angebot und Nachfrage in Märkten, gesamtwirtschaftlicher Zusammenhänge und der Wirkungen wirtschaftspolitischer Eingriffe.

GRUNDLAGEN INTERNER UNTERNEHMENSRECHNUNG

Du lernst Grundbegriffe und -prinzipien der internen Unternehmensrechnung und der Kostenarten-, Kostenstellen- und Kostenträgerrechnung kennen.

MATHEMATIK FÜR WIRTSCHAFTSWISSENSCHAFTLER

Dieses Modul befasst sich mit den mathematischen Methoden, die Du benötigst, um später formalisierte ökonomische Sachverhalte zu verstehen, nachvollziehen und eigenständig neue Fragestellungen bearbeiten zu können.

STATISTIK

In diesem Fach geht es darum, eigenständig einfache statistische Analysen durchzuführen. Dafür beschäftigst Du Dich mit den Grundlagen der Wahrscheinlichkeitsrechnung oder der empirischen Verteilungen.

GRUNDLAGEN DES MARKETINGS

Anhand von theoretischen Darstellungen und der Bearbeitung von Fallbeispielen erwirbst Du Wissen, um Marketingaktivitäten und deren Zusammenhang mit anderen betrieblichen Funktionsbereichen zu analysieren.

Dazu erhältst Du einen Einblick in Themen wie zum Beispiel Marktforschung, Käuferverhalten, Produkt- und Preispolitik oder Marketingplanung.

JAHRESABSCHLUSS UND STEUERN

Du beschäftigst Dich mit den Grundlagen und Konzepten der betriebswirtschaftlichen Steuerlehre. Genauso lernst Du die wichtigsten Steuerarten und den Einfluss der Besteuerung auf ökonomische Entscheidungen kennen.

WIRTSCHAFTSINFORMATIK FÜR WIRTSCHAFTSWISSENSCHAFTLER

Hier bekommst Du einen Überblick über den Einsatz moderner Informationstechnologie in Unternehmen. Dieses Fach besteht aus den drei Teilbereichen Technologie, Anwendungen und Grundlagen von Systementwicklungen.

SUPPLY AND OPERATIONS MANAGEMENT

Die Produktion von Gütern oder Dienstleistungen stellt die Kernfunktion jedes betrieblichen Geschehens dar. Dieses Modul vermittelt Dir die gängigen und in der Praxis erprobten Strategien, Methoden und Modelle zur Lösung produktionswirtschaftlicher Problemstellungen.

Dazu gehört die Beschaffung bzw. Bereitstellung der notwendigen Ressourcen im Rahmen des Beschaffungsmanagements (Supply Management), aber auch die zeitliche Einplanung der einzelnen Produktionsschritte (Operations Management).

INVESTITION UND FINANZIERUNG

In diesem Modul betrachtest Du Aktivitäten unter dem Blickwinkel der Einkommenserzielung. Du lernst, mit den wichtigsten Werkzeugen umzugehen, die beim Treffen von Entscheidungen über Investitionen und Finanzierungsmaßnahmen anzuwenden sind.

Natürlich ist diese Aufzählung nur ein Beispiel für die unterschiedlichen Pflichtfächer. Die Pflichtphase ist zwar von Hochschule zu Hochschule von den Fächern her unterschiedlich, eins aber haben alle Hochschulen gemeinsam: Sie ist eine gute Vorbereitung auf die Kür, Deine Spezialisierungsphase. Du schnupperst während des Pflichtteils in alle Fächer der BWL und findest auf diese Weise heraus, welche Fächer Dir liegen, wo Du vielleicht sogar mit Herzblut dabei bist und welche Fächer und auch Professoren Dir überhaupt nicht zusagen.

7.4
DIE SPEZIALISIERUNGSFÄCHER

Nachdem Du die Pflicht absolviert hast, folgt die Spezialisierung Deines BWL-Studiums. Deinen individuellen Interessen und Zielen folgend entscheidest Du, wo Deine Schwerpunkte für das restliche BWL-Studium liegen sollen. Dazu hast Du die Auswahl aus verschiedensten Bereichen, von Finanzen oder Accounting über Management bis hin zu Marketing oder Wirtschaftsinformatik, und wählst gleich mehrere Spezialisierungsfächer aus.

Deine Spezialisierung sollte gut gewählt sein. Sie ist gewissermaßen der Vorgriff auf Deine spätere Tätigkeit. Wenn Du Dich auf den Bereich Finanzen spezialisierst, wird es immer schwierig werden, Dich im Kampf um den Marketingjob gegen den Marketingexperten durchzusetzen. Mach Dir also frühzeitig Gedanken, am besten noch während der Pflichtkursphase, in welche Spezialisierungsrichtung – und damit in welche berufliche Richtung – Du gehen willst.

Welche Fächer angeboten werden, ist völlig unterschiedlich. Deshalb findest Du hier auch keine Beschreibung der einzelnen Fächer. Beispielhaft seien hier die 14 Wahlmöglichkeiten der Ludwig-Maximilians-Universität in München aufgeführt.

Wahlpflichtmodule der LMU München:[15]

- Angewandte Ökonomik
- Finanzorientierte BWL
- Human Resources, Education & Management
- Informatik
- Kommunikationswissenschaft
- Marktorientierte BWL
- Methoden der ökonomischen Analyse
- Öffentliches Recht
- Organisations- und Wirtschaftspsychologie
- Privatrecht
- Statistik
- Strategie, Innovation & Marketing
- Unternehmensrechnung & Finanzen
- Wirtschaft & Gesellschaft Japans

Je nach Hochschule kannst Du aus den dort angebotenen Schwerpunkten zwischen zwei und vier Fächern auswählen. Als Faustregel lässt sich festhalten: Je größer die BWL-Fakultät, desto mehr Auswahl. Gerade Universitäten zeichnen sich hier durch eine große Vielfalt an Spezialisierungsfächern aus. So kannst Du nicht etwa nur das Fach Marketing belegen, sondern Dich vielleicht sogar auf den Bereich Marktforschung konzentrieren und in Vorlesungen und Seminaren ergründen, warum immer noch alle Eltern und Kinder auf den Werbespruch von »dem Guten der Milch« in der Milchschnitte hereinfallen.

---

15 Quelle: www.wiwiss.fu-berlin.de/studium-lehre/bachelor/bwl/BWL-Bachelor_03_2011_final.pdf?1353075302 , S. 17 (abgerufen 21. Februar 2013).

Unabhängig von der Auswahl stellt sich die Frage, wie Du herausfindest, welche Spezialisierungsfächer für Dich die richtigen sind.

▶ DURCH DIE PFLICHTKURSE

In den ersten Semestern schnupperst Du in nahezu alle Bereiche der Betriebswirtschaftslehre hinein. Schnell wirst Du merken, welche Fächer Dich besonders interessieren und wo Dir das Erlernen des Stoffes besonders leicht fällt. Darauf solltest Du Dich stürzen und Dich nicht davon leiten lassen, was die Masse auswählt.

▶ DURCH PRAKTIKA

Praktika sind die praktische Ausführung Deines Spezialisierungsfaches. So kannst Du zum Beispiel durch ein Praktikum in der Wirtschaftsprüfung herausfinden, ob Dir der Bereich liegt oder nicht. Dein erstes Praktikum sollte deshalb erstens vor der Spezialisierungsphase stattfinden und zweitens in dem Bereich sein, auf den Du Dich auch spezialisieren möchtest.

▶ DURCH EMPFEHLUNGEN VON ANDEREN STUDENTEN

Keiner kennt die Spezialisierungsfächer so gut wie die Studenten höherer Semester. Nutze deshalb diese Quelle und erfahre von ihnen, was die wirklichen Inhalte der Kurse sind und welche Kurse sie empfehlen.

Tipp: Wenn Du zwischen zwei Fächern schwanken solltest, dann ist es ratsam, auch den Schwierigkeitsgrad der Fächer in Betracht zu ziehen. Im Notfall gilt es, das Fach zu wählen, das Dir bessere Noten verspricht. Die Abschlussnote ist nämlich später bei der Bewerbung ein nicht zu unterschätzender Faktor.

7.5
DIE ZUSATZQUALIFIKATIONEN

Erst in den letzten Jahren haben die Hochschulen festgestellt, dass das reine Studium nicht mehr ausreicht, um am Arbeitsmarkt zu bestehen. Vielen Absolventen mangelte es in der Vergangenheit oder mangelt es noch heute an den sogenannten Soft Skills. Sie sind fachlich gut, doch im Geschäftsleben haben sie im Umgang mit Menschen und in der Vermittlung von Inhalten große Defizite. Damit Du zum Start des Berufslebens auch im Haifischbecken Arbeitswelt überleben kannst, sind überfachliche Qualifikationen ein Muss. Rhetorikseminare oder Präsentationstechnikkurse seien hier als nur zwei von unzähligen Beispielen genannt. Sie machen zwar aus einem schüchternen Mädchen oder Jungen noch keinen Redner à la Barack Obama, sie helfen aber, Selbstvertrauen aufzubauen und Hilfestellungen zu geben, wie man das Erlernte besser an Mann und Frau bringt.

Die Hochschulen haben diesen Trend erkannt und verschiedene Fächer entwickelt, um Studierenden diese Zusatzqualifikationen zu ermöglichen. Welche Zusatzqualifikationen zu erbringen sind und inweweit dies Creditpoint-Kurse sind, ist von Hochschule zu Hochschule unterschiedlich. Auch sind die Begrifflichkeiten verschieden. Mal heißt dieser Block Studium generale, mal Querschnittsqualifikationen.

Im Folgenden werden einige dieser Soft Skills vorgestellt und ihre Bedeutung für das spätere Arbeitsleben herausgearbeitet. Ich als Berufstätiger kann Dir nur den Rat geben, Dich möglichst breit zu qualifizieren. Ich habe die Erfahrung gemacht, dass Soft Skills noch wichtiger sind als theoretisches Fachwissen.

SPRACHKURSE

Das Beherrschen mehrerer Sprachen ist heute eine Grundvoraussetzung. Wer kein Englisch spricht, braucht sich erst gar nicht zu bewerben, und eine zweite Fremdsprache ist inzwischen schon fast Standard. Ich habe aber die Erfahrung gemacht, dass im Berufsleben das perfekte Beherrschen der englischen Sprache viel wichtiger ist als Grundkenntnisse einer zweiten Fremdsprache. Deshalb solltest Du zuerst dafür sorgen, dass Du Dein Englisch auf ein exzellentes Niveau bringst. Kümmere Dich erst dann um eine zweite Fremdsprache. In den seltensten Fällen musst Du, wie bei L'Oréal, französische Werbetexte übersetzen und kommst deshalb immer mit Englisch weiter.

IT-KURSE

An der Hochschule kommst Du heute nicht mehr ohne Computer aus, weshalb Kenntnisse der gängigsten Programme von großem Vorteil sind. Seminararbeiten werden in Word verfasst,

Kalkulationen in Excel erstellt, Präsentationen mit PowerPoint entworfen. Kenntnisse dieser Programme helfen Dir auch im Beruf weiter. Wie häufig wurde ich schon nach einzelnen Funktionen von Word oder Excel gefragt und konnte so Zusatzpunkte bei Kollegen und Chefs sammeln. IT-Kurse – ob von der Hochschule angeboten oder privat – sind folglich eine gute Investition.

SCHREIBMASCHINENKURS

Für diese Qualifikation gibt es nach meinem Kenntnisstand an keiner Hochschule Creditpoints und dennoch ist sie für mich schon fast eine Pflichtqualifikation. Schreibmaschinenkurse – auch Schnellschreibkurs oder Zehnfingersystemkurs genannt – gibt es direkt an der Hochschule oder privat an der Volkshochschule. Spaß macht der Kurs nicht, aber danach wirst Du E-Mails oder Anschreiben dreimal so schnell tippen können und mehr Freude damit haben, Mails und Briefe zu schreiben und mit Freunden zu kommunizieren. Das schnelle Tippen auf der Tastatur mit allen zehn Fingern erspart Dir am Ende des Lebens die Arbeitszeit von gefühlt 31 Arbeitstagen. Die gesparte Zeit kannst Du entweder dazu nutzen, andere Aufgaben zu erledigen oder früher nach Hause zu gehen.

RHETORIKKURSE

Unter diesem Block fasse ich verschiedene Kurse zusammen, die sich alle damit beschäftigen, wie ich mein Wissen oder meine Wünsche am besten artikuliere und so das Maximum heraushole.

Besonders beliebt sind Kurse der Verhandlungstechnik oder der Präsentationstechnik. Gerade die Präsentationstechnik wird Dir bei Bewerbungen, aber auch im späteren Berufsleben eine große Hilfe sein. Oft setzt sich in einem Bewerbungsprozess der Bewerber durch, der sich besser präsentiert und somit besser verkaufen kann. Neben der Teilnahme an Workshops sollten zum Ziel einer erfolgreichen Präsentationstechnik Präsentationen so häufig wie möglich geübt werden. Wenn in Seminaren gefragt wird, wer präsentieren möchte, melde Dich ruhig. Du gehst zwar im ersten Moment als Streber durch, das praktische Üben von Präsentationen ist aber Gold wert.

INTERKULTURELLE KOMPETENZ

Gemeint ist hier das Verständnis der Unterschiede einzelner Kulturen und der richtige Umgang damit. Der Begriff mutet allerdings etwas merkwürdig an und genauso merkwürdig ist es, den Erwerb interkultureller Kompetenz auf ein Seminar runterzubrechen. Richtig verstehen wirst Du eine Kultur erst, wenn Du längere Zeit im fremden Land gelebt hat. Ich empfehle Dir deshalb unbedingt, neben dem Studium in Deutschland ein Auslandssemester einzulegen.

7.6
DIE BACHELORARBEIT

Nachdem Du Pflicht- und Wahlfächer absolviert hast und Dich hoffentlich dank Praktika ausreichend praktisch betätigt hast *(siehe dazu auch Kapitel 11 Praktika)*, steht die letzte Etappe Deines BWL-Bachelorstudiums an: die Bachelorarbeit.[16] Sie hat die altbekannte Diplomarbeit abgelöst und das Monstrum wissenschaftliche Arbeit deutlich entschärft. Zählte früher die Diplomarbeit teilweise etwa zwanzig Prozent der Examensnote, beträgt der Anteil der Bachelorarbeit beim Abschluss heute nicht einmal sieben Prozent.

Nach Aussage der Freien Universität Berlin sollst Du mit der Arbeit zeigen, dass Du »Deine im Studium erlangten Kenntnisse und Fähigkeiten nutzen kannst, um ein Thema aus dem Bereich der Wirtschaftswissenschaft nach wissenschaftlichen Methoden zu bearbeiten und die Ergebnisse schriftlich angemessen darzustellen und zu dokumentieren«. Anders gesagt: Du suchst Dir ein Thema im Bereich der BWL aus, stimmst dieses mit einem BWL-Lehrstuhl ab und verfasst eine wissenschaftliche Arbeit. Viele haben regelrecht Angst davor. Sie sehen Zitate, große Berge an Ordnern und Büchern, internationale Literatur und Fachbegriffe. Dazu kommt die Sorge, richtig zu zitieren und hier nicht fehlerhaft abzuschreiben. Die Ängste können aber beseitigt werden. Kleinere Seminartexte, die Du bereits im Rahmen Deiner Spezialisierungsfächer verfassen musst, sind eine gute Übung

---

16 Mit Deiner Bachelorarbeit kannst Du auch schon in der Mitte Deines Studiums nach Erreichen einer gewissen Punktzahl beginnen (an der Universität Köln zum Beispiel ab neunzig Creditpoints). Ich empfehle jedoch jedem, die Arbeit als wahre Abschlussarbeit zu sehen und ans Ende des Studiums zu legen.

zum Thema wissenschaftliches Arbeiten. Darüber hinaus hat wissenschaftliches Arbeiten vor allem etwas mit Fleiß und Gründlichkeit zu tun. Wie dies am besten gelingt, ist in *Kapitel 9 Das richtige Lernen, das richtige Schreiben* aufgeführt.

Für Dein Meisterwerk hast Du in der Regel nach Anmeldung des Themas beim Prüfungsamt acht Wochen Zeit, die auf jeden Fall ausreichen sollten, wenn man an Tag eins der Anmeldung auch wirklich mit der Recherche beginnt. Vielfach ist es sogar hilfreich, erst das Thema abzustimmen, mit der Recherche zu beginnen und dann erst das Thema beim Prüfungsamt anzumelden. Die Arbeit soll in der Regel 25 bis vierzig Seiten umfassen. Alte Diplomanden, bei denen Diplomarbeiten von über hundert Seiten keine Seltenheit waren, werden neidisch auf die Bachelorarbeit blicken. Diese wissenschaftliche Arbeit light hat aber auch zur Folge, dass fundiertes Auseinandersetzen mit komplexen Themen stark vernachlässigt wird. Für jemanden, der sowieso nur in der Praxis und operativ arbeiten will, reicht dies aus. Wer später eine Doktorarbeit schreiben will, ist durch die Bachelorarbeit nicht ausreichend darauf vorbereitet.

Tipp: Versuche, Deine Bachelorarbeit in Zusammenarbeit mit einem Unternehmen zu schreiben. Viele Unternehmen bieten selbst Themen an, sind aber auch für Themenvorschläge offen. Bei einer derartigen Initiativbewerbung solltest Du nicht mehr als ein bis zwei Themenvorschläge einreichen. Die Zusammenarbeit mit einem Unternehmen kann insofern sehr erfolgreich sein, als dass Du in der Bachelorarbeit ein konkretes Unternehmensproblem behandelst, Dich über Monate im Unternehmen präsentieren kannst und damit bereits einen Fuß in der Tür hast.

Die Bachelorarbeit stellt das Ende Deines Bachelorstudiums dar. Du hast im Anschluss entweder die Möglichkeit, ins Haifischbecken der freien Wirtschaft zu springen oder mit dem Masterstudium Dein theoretisches Wissen zu erweitern und Dich weiter zu qualifizieren. Eine Beschreibung beider Wege findest Du in *Kapitel 12 Die Zukunftsperspektiven.*

8
DAS RICHTIGE LERNEN, DAS RICHTIGE SCHREIBEN

Dem theoretischen Konstrukt des Studiums folgt nun der praktische Teil des Lernens und Schreibens. Dieser Teil bereitet den meisten, die ein BWL-Studium in Betracht ziehen, große Sorgen. Verschiedenste Schauerbilder hat man vor Augen:

▶ **Tage und Nächte am Schreibtisch ohne sozialen Kontakt**

▶ **Unmengen an Stoff, den man sich nicht merken kann**

▶ **Wissenschaftliche Texte, die man auch nach dreimaligem Lesen nicht versteht**

Ganz unbegründet sind diese Sorgen nicht, denn es wird sowohl Nächte am Schreibtisch, Unmengen an Stoff als auch schwierige wissenschaftliche Texte geben. Wenn Du aber die in diesem Kapitel dargestellten Ratschläge befolgst, wird Dein BWLer-Leben wesentlich vereinfacht. Am Anfang dieses Kapitel wird auf die Grundvoraussetzungen für erfolgreiches Lernen und Schreiben eingegangen.

Danach findest Du jeweils einen Abschnitt über das richtige Lernen und einen Abschnitt über das richtige Erarbeiten wissenschaftlicher Texte.

8.1
WAS SIND DIE GRUNDVORAUSSETZUNGEN FÜR RICHTIGES LERNEN UND SCHREIBEN?

Lernen ist wie Sport. Du brauchst Disziplin, Ausdauer und vor allem Grundlagen. Legst Du die Grundlagen nicht, kannst Du noch so viel lernen, Du wirst das BWL-Studium nicht schaffen. Die nachfolgenden Aspekte sind kein Hexenwerk und haben wenig mit Intelligenz zu tun; denn viele schlaue Leute sind schon durch BWL-Prüfungen gefallen, weil es ihnen an grundsätzlichen Dingen mangelte.

SELBSTMOTIVATION
Ohne Selbstmotivation ist kein Lernen oder Schreiben möglich, ich möchte sogar behaupten, ohne Selbstmotivation fliegst Du durch jede Prüfung. In der Schul- oder Ausbildungszeit hattest Du neben vielen Wochenstunden auch Hausaufgaben zu erledigen, der Anteil des Selbststudiums zu Hause war jedoch überschaubar und nahm nicht einmal die Hälfte Deiner Zeit ein. Im BWL-Studium ist das anders. 75 Prozent Deiner Zeit wirst Du mit Lernen und selbstständigem Arbeiten verbringen.

Vorlesungen im Verhältnis zum selbstständigen Arbeiten

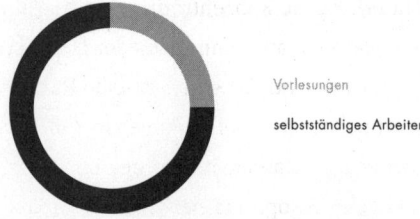

Vorlesungen

selbstständiges Arbeiten

Deshalb musst Du einen eigenen Antrieb besitzen, um regelmäßig Deinen inneren Schweinehund überwinden zu können. Gefühlt ist die Zeit an der Hochschule wie Lernen in einer neuen Dimension. So viel wie im ersten Semester an der Universität habe ich zum Beispiel während der gesamten Oberstufe nicht gepaukt. Dies lag natürlich zum Teil an meiner Faulheit in der Schule, zum anderen aber auch an der Menge an Stoff, die es zu bewältigen galt. Da hilft es nur, sich Zwischenziele zu setzen und sich immer wieder über die kleinen Teilerfolge zu freuen, die einen motivieren weiterzubüffeln.

RICHTIGE LERNUMGEBUNG

Um erfolgreich zu sein, musst Du eine Lernumgebung schaffen, in der Du Dich voll und ganz auf das Wesentliche, nämlich das Lernen, konzentrieren kannst. Licht, Raumtemperatur, Sitzhaltung, Ruhe und Übersichtlichkeit sind hier die Stichwörter.

Dein Arbeitsplatz sollte idealerweise am Fenster sein. Natürliches Licht erhöht die Konzentration und der Blick aus dem Fenster in die Ferne entspannt immer wieder Deine strapazierten Augen.

Ebenso wichtig ist eine passende Raumtemperatur. Frauen frieren schnell, doch in dem Räumen in denen Du lernst, sollte es nicht zu warm sein. Raumtemperaturen um die zwanzig Grad sorgen für einen kühlen Kopf und helfen beim Verarbeiten der Formeln und Graphiken. Und da Dein Gehirn zum Lernen viel Sauerstoff benötigt, solltest Du für regelmäßige Frischluftzufuhr sorgen. Entweder gelingt dies durch Lüften der Räume oder – falls Du in der Bibliothek lernst – durch kurze Spaziergänge an der frischen Luft.

Auch das richtige Sitzen ist wichtig für einen guten Lernerfolg. Du musst Dir aber nicht gleich den Profistuhl mit fünfzig Verstellmöglichkeiten kaufen. Die richtige Sitzposition kannst Du auf einem herkömmlichen Stuhl einhalten. Sitzt Du über eine längere Zeit falsch, führt dies zu Rückenschmerzen, Nackenverspannungen und im schlimmsten Fall zu Kopfschmerzen. Dass diese nicht förderlich fürs Lernen sind, versteht sich von selbst.

Auch der Aspekt der Ruhe ist nicht zu unterschätzen. Wenn Du beim Lernen ständig aufstehen musst, weil Du gerufen wirst oder etwas suchst, wirst Du immer wieder aus Deiner Konzentration gerissen. Teile deshalb Deinen Mitbewohnern, Eltern oder Kommilitonen, die mit Dir in der Bibliothek lernen, mit, dass Du vorerst nicht gestört werden willst. Auch solltest Du das W-LAN und das Mobiltelefon ausschalten. Ich bin mir sicher, Du wirst drei Stunden ohne Facebook, WhatsApp und SMS überleben.

AUSREICHEND SCHLAF

Viele Studenten sehen Schlafen als verschwendete Zeit an, die nicht fürs Lernen oder Feiern genutzt werden kann. Doch gerade Schlaf ist immens wichtig. Zum einen regeneriert der Körper, zum anderen aber auch der Geist. Man spricht während des Schlafes vom sogenannten »Postprocessing«, das heißt, das Erlernte wird im Schlaf erneut aktiviert. Manfred Spitzer, Bestsellerautor von Büchern über das Lernen, spricht etwa von der »Übertragung vom eher kleinen und flüchtigen Speicher in den großen Langzeitspeicher Großhirnrinde.«[17] Ein Tipp ist deshalb, besonders wichtige Lerninhalte vor dem Schlafen noch einmal zu wiederholen.

Ausreichend Schlaf ist also wichtig, aber wann es sinnvoll ist, die idealen sieben bis acht Stunden zu schlafen, hängt von jedem Einzelnen ab. Bist Du eher die sogenannte Lerche, die morgens die produktivste Phase hat? Oder doch die Eule, die nächtelang durcharbeiten kann, dafür aber morgens für nichts, aber auch gar nichts zu gebrauchen ist? Dann solltest Du Deine Lernphasen darauf einstellen und Deinen Tag so gestalten, dass Du in Deinen produktivsten Phasen auch wirklich am Schreibtisch sitzt und nicht im Café um die Ecke einen Latte Macchiato nach dem anderen schlürfst.

SPORT UND ERNÄHRUNG

Auch Sport und Ernährung sind Faktoren, die für effektives Lernen unabdingbar sind. Bewegung – gerade an der frischen Luft – fördert die Durchblutung und Sauerstoffzufuhr. Dies muss nicht immer gleich der tägliche Halbmarathon sein, auch die Fahrradfahrt

---

17 Quelle: Spitzer, Manfred: Lernen. Gehirnforschung und die Schule des Lebens.
S. 134f.

zur Hochschule bringt den Kreislauf in Schwung. Wer Sport treibt, stärkt das Immunsystem und ist weniger krankheitsanfällig.

Beim Essen solltest Du darauf achten, reichlich Kohlenhydrate in Form von Nudeln, Reis, Kartoffeln und Brot zu Dir zu nehmen. Sie geben Dir langanhaltende Energie. Für die Stärkung der Abwehrkräfte sind viel Obst und Gemüse ratsam. Selbstverständlich darfst Du Dich auch mal mit etwas Süßem belohnen, es sollte aber nicht die ganze 500-Gramm-Haribobox auf einmal sein.

Das Thema Trinken ist sogar eines der unterschätztesten Themen im Bereich Lernen. Ausreichende Flüssigkeitszufuhr hält Dich aufmerksam und vermeidet Kopfschmerzen, wenn es sich nicht um den wohlverdienten Feierabendwein oder das Feierabendbier handelt. Wasser und ungesüßter Tee bringen Dich nach vorn, aufputschende Getränke wie Kaffee und Red Bull helfen zwar kurzfristig gegen Müdigkeit, führen aber nicht zu erhöhter Aufnahmefähigkeit des Gehirns. Sie können im Gegenteil sogar Unruhe verursachen und sind damit kontraproduktiv.

8.2
RICHTIGES LERNEN

Nachdem die Grundvoraussetzungen erfüllt sind, gilt es, drei Schritte für erfolgreiches Lernen zu beachten:

1) Du solltest Dir vorab einen Überblick verschaffen, Prioritäten setzen und Dir einen Zeitplan für die nächsten Monate aufstellen.

2) Organisiere Dein Lernumfeld und finde für Dich heraus, wo und mit wem Du am besten lernen kannst.

3) Wage Dich erst als Drittes an das konkrete Lernen heran und befolge gewisse Techniken, die Dir die Aufnahme des umfangreichen Stoffs erleichtern werden.

LERNPLANUNG UND -PRIORISIERUNG

Planung ist das halbe Leben beziehungsweise das halbe Lernen. Wenn Du von Anfang an den Überblick behältst, bereit bist, auch Vorlesungen und Seminare wegzulassen, und aus diesen Entscheidungen heraus einen Zeitplan aufstellst, ist das bereits die halbe Miete. Im Folgenden sind einige Hinweise aufgelistet, die Dir helfen sollen, Prioritäten zu setzen und das Unwichtige zu vermeiden.

VERSCHAFFE DIR EINEN ÜBERBLICK

Gerade ganz am Anfang wird Dich die Flut an Informationen regelrecht überrollen. Du wirst vor lauter Bäumen den Wald nicht mehr sehen und nur noch der Masse der BWL-Studenten hinterherlaufen, die alle Kurse gleichzeitig belegen wollen. Erhöhter Stress und eine Menge Frust sind die Folgen. Hier gilt es, Ruhe zu bewahren. Bevor die Rennerei losgeht, wirf einen Blick in die Prüfungsordnung. In ihr stehen alle Anforderungen und Du wirst feststellen, dass es gar nicht nötig ist, im ersten Semester 53 Wochenstunden in Vorlesungen zu verbringen.

FRAGE ANDERE STUDENTEN

Ist Dir das Lesen der Prüfungsordnung zu trocken, such das Gespräch mit Studenten höherer Semester. Diese haben etwas Abstand, sehen vieles entspannter und können Dir gute Ratschläge geben, was wichtig und was unwichtig ist. Fast immer gilt, dass Du bestimmte Lehrveranstaltungen zur Not auch wegfallen lassen und Dir das erforderliche Wissen über Bücher und Mitschriften zusammensuchen kannst.

RICHTIGE EINSCHÄTZUNG
VON VORLESUNGEN UND PROFESSOREN

Einige Professoren sind wahre Didaktik-Künstler. Sie arbeiten mit Bildern und Beispielen, fesseln Dich und schießen Dir den Stoff regelrecht ins Gehirn. Diese Vorlesungen solltest Du nicht verpassen. Ein größerer Teil ist aber in der Stoffvermittlung leider schlecht. Du wirst stures Runterspulen von Text ohne Punkt und Komma erleben und ein altes Gerät namens Overheadprojektor im Einsatz sehen, dass heutzutage selbst an erzkonservativen Schulen nur noch in der Ecke verstaubt. Musst Du derartige Vorlesungen ertragen, tu Dir den Schmerz nur einmal an und arbeite den Stoff lieber allein oder in der Gruppe nach. Das ist effektiver und nervenschonender.

DU SOLLTEST EHER TUTORIEN
ALS VORLESUNGEN BESUCHEN

Tutorien sind Sonderveranstaltungen, gehalten von aktuellen oder ehemaligen Studenten, die den Stoff der Vorlesungen vertiefen. Hier wird oft auf viel anschaulichere Weise der Stoff erklärt. Dazu sind die Gruppen klein, so dass Raum für Fragen und individuelle Vertiefung bleibt. Nimm Dich aber vor einigen Tutoren in Acht. Sie flirten, wie unser Mathetutor, mit seinem Nike-Challenge-Pullover stets auf jung getrimmt, der mit seiner Taktik nicht unerfolgreich war.

STELL DIR EINEN STUNDENPLAN ZUSAMMEN

Ein Stundenplan klingt nach Schule und Verpflichtung, ist aber sehr sinnvoll. Nachdem Du Deinen Vorlesungsplan ausgedünnt hast, solltest Du einen kompletten Wochenplan erstellen. Dieser sollte nicht nur Vorlesungszeiten, sondern auch Lernzeiten, Hobbys und Pausen berücksichtigen. Die Zahl der Creditpoints mal dreißig Stunden ist ein guter Gradmesser, wie viel Zeit Du pro Fach für das Erlernen des Stoffes pro Semester verwenden solltest. Wenn Du besonders vorausschauend arbeiten willst, stell Dir diesen Plan gleich fürs ganze Semester zusammen.

LERNORGANISATION – WO UND MIT WEM?

Nach der Aufstellung Deines Zeitplanes solltest Du Dich darum kümmern, wo und mit wem Du Deine Lernzeit verbringst.

WO?

Hochschulen haben im Gegensatz zu Schulen oder Berufsschulen schöne Einrichtungen namens Bibliotheken. Diese dienen nicht nur dem Verstauen von Büchern, sondern in ihnen kann auch geforscht und gelernt werden. Auch wenn Du keine Recherche zu tätigen hast, kann die Bibliothek – kurz Bib – eine gute Lernalternative zum eigenen Zimmer zu Hause sein. Welche Vor- und Nachteile das Lernen zu Hause und das Lernen in der Bibliothek haben, soll unten anhand verschiedener Kriterien dargestellt werden. Ich empfehle Dir aber, Dich nicht ausschließlich auf diese Kriterien zu verlassen, sondern beide Lernformen auszuprobieren. Du wirst schnell merken, welche Form Dir mehr liegt.

In der Bibliothek oder zu Hause
?

Kriterium Ruhe

Vorteil zu Hause. Obwohl in der Bib absolute Ruhe gewünscht ist, ist ein Grundgeräuschpegel nicht zu vermeiden. Ständig kommt oder geht jemand, was für Neugierige schön, für Ruhesuchende aber störend ist.

Fehlende Selbstdisziplin

Vorteil Bibliothek. Wer sich schwer tut, den inneren Schweinehund zu überwinden, für den ist die Bib der geeignete Lernort. Der Blick in viele, mehr oder minder lernende Gesichter kann Wunder bewirken.

Grundversorgung

Vorteil zu Hause. Dein Kühlschrank ist um die Ecke, so dass Du jederzeit das passende Essen parat hast. In der Bib musst Du im Gegensatz dazu auf das Angebot aus schlechtem Kaffee, überteuerten Schokoriegeln und lauwarmer Fünf-Minuten-Terrine zurückgreifen.

Pausen

Unentschieden. Zu Hause bist Du in Lernpausen allein, so dass richtiges Ablenken schwerfällt. Und wenn der große Hunger kommt, musst Du Dir selbst etwas kochen. In der Bib ist der Weg in die Mensa kurz, Einkaufen und Zubereiten fallen weg.

Jedoch machst Du in der Bibliothek meistens mehr Pausen. Ständig wirst Du von Freunden gefragt, ob Du auch einen Kaffee trinken willst und spätestens bei der dritten Anfrage wirst Du mitgehen müssen.

Fachliteratur

Vorteil Bibliothek. Möchtest Du etwas in einem Buch nachlesen oder eine Quelle heraussuchen, bist Du zu Hause aufgeschmissen. Mein Tipp: Vorab die wichtigen Texte heraussuchen und kopieren. Dann bist Du auch zu Hause wissenschaftlich auf der Höhe.

Austausch

Vorteil Bibliothek. Kommst Du bei einem Thema nicht weiter oder bist Dir bzgl. eines Buches unsicher, findest Du in der Bib immer jemanden, der Dir weiterhelfen kann.

Öffnungszeiten

Vorteil zu Hause. Zu Hause kannst Du Dich an Deinen eigenen Biorhythmus halten und auch noch nachts um drei Uhr lernen; die Bibliothek hat bestimmte Öffnungszeiten. Die Nachteile der Bibliothek sind hier in den letzten Jahren aber geringer geworden. Gerade BWLer-Bibliotheken haben inzwischen Öffnungszeiten wie amerikanische Supermärkte und sind auch sonntags geöffnet.

MIT WEM?

Beim Thema Lernen denken die meisten an individuelles Pauken. Das alleinige Lernen nimmt zwar einen großen Teil ein, Du solltest aber versuchen, zusätzlich eine Lerngruppe zu gründen. In dieser kannst Du offene Fragen besprechen, Übungen gemeinsam lösen und die Klausurvorbereitung abgleichen.

Drei Grundregeln gelten für Lerngruppen:

1)Such Dir die richtigen Leute für Deine Lerngruppe aus! Das Kriterium gute Freundin oder guter Freund sollte nicht ausschlaggebend sein. Statt zu lernen, werdet ihr vermutlich den gestrigen gemeinsam verbrachten Abend resümieren oder den nächsten planen. Kriterien sollten Lernwilligkeit und didaktische Fähigkeiten sein. Wer fleißig ist und das Erlernte anderen gut vermitteln kann, ist der beste Lerngruppenpartner für Dich. Wie im Sport auch, wo Dich das Training mit guten Spielern nach vorn bringt, bereichern vor allem gute und fleißige Leute Deine Lerngruppe. Zu gut und um Längen besser als Du sollten sie aber auch nicht sein, sonst verstehst Du nichts.

2) **Fang frühzeitig im Semester mit Deiner Lerngruppe an!** Je früher Ihr anfangt, desto größer wird der Erfolg Eurer Lerngruppe sein. Der Grund ist ganz einfach: Alle Teilnehmer starten bei null und werden so von Termin zu Termin das gleiche Lernpensum absolvieren. Wenn Du mit Deiner Lerngruppe erst kurz vor Ende des Semesters beginnst, sind die Lernfortschritte völlig unterschiedlich, so dass Ihr schlechter voneinander profitieren könnt.

3) **Macht zu jedem Termin eine Art Agenda, was vorzubereiten und zu besprechen ist!** Ich habe viele Lerngruppen erlebt, die sich getroffen haben und dann erst mal drei Stunden ohne Ziel über BWL-Themen diskutiert haben. Zum Ziel führt eine Lerngruppe nur, wenn Ihr im Vorfeld klar absteckt, was vorzubereiten ist und welche Themen Ihr in der Lerngruppe besprechen wollt. Ihr solltet pro Termin immer nur ein Fach behandeln, denn wenn Ihr beispielsweise zwischen Mathematik, Finanzen und Organisation hin und her springt, verwirrt das nur und am Ende bleibt nichts hängen.

LERNUNTERLAGEN UND -TECHNIKEN

Du weißt nun, wo und mit wem Du lernen solltest. Lerngruppen mögen eine nette Ergänzung sein, doch den größten Teil der Zeit wirst Du allein lernen. Du wirst schnell feststellen, dass Du nur eine bestimmte Anzahl von Fakten verarbeiten kannst. Nutze deshalb nur die wichtigsten Unterlagen und arbeite diese umso gründlicher durch.

DIE RICHTIGEN UNTERLAGEN

Bevor Du Dich an den Schreibtisch setzt, solltest Du die Unterlagen eines Faches komplett haben. Viele Studenten neigen deshalb dazu, ganze Bücher zu kaufen und 5372 Seiten Fachliteratur zu wälzen. Dies ist nicht nötig, denn zu fast jedem Fach gibt es ein sogenanntes Skript, welches meistens vom Lehrstuhl selbst herausgegeben wird und als Zusammenfassung der gesamten Vorlesung und fachmännisch von fleißigen wissenschaftlichen Assistenten zusammengetragen wurde. Das Skript reicht als Vorbereitungsunterlage aus, denn der Prüfungsstoff geht nie tiefer als die Vorlesung. Oft sind die Skripte bereits die perfekte Zusammenfassung und behandeln wirklich jedes Detail der Vorlesung. Teilweise aber sind sie noch zu oberflächlich. Für diesen Fall solltest Du Dir das Skript von fleißigen Studenten aus höheren Semestern organisieren, das mit unzähligen Kommentaren und Graphiken aus der Vorlesung ergänzt wurde. Sorgen, dass dieses Skript veraltet sein könnte, musst Du nicht haben, denn BWL-Professoren ändern ihre Vorlesung selten grundlegend.

Ergänzend zu den Skripts solltest Du Dir direkt zum Semesterstart alte Klausuren organisieren und diese begleitend zum Skript durcharbeiten. So bist Du von Anfang an mit den Anforderungen in der Klausur vertraut und weißt, welche Tiefe an Stoff abgefragt wird und wie gut Du Dich auf jedes Thema vorbereiten musst.

Auch solltest Du versuchen, die alten Klausuren unter Klausurbedingungen, das heißt der vorgegebenen Bearbeitungszeit, zu lösen. Auf diese Weise stellst Du fest, wie tief gehend Du die Aufgaben überhaupt bearbeiten kannst und wo Du Dich in der Klausur auf das Wesentliche konzentrieren solltest.

!

Tipp: Auch wenn Du Dich selten oder nie in einer bestimmten Vorlesung blicken lässt, die letzte Vorlesung eines Faches solltest Du immer besuchen. Sie wird oft als schwarze Messe bezeichnet. Der Professor fasst noch mal die Vorlesung zusammen und gibt fast immer gute Tipps für die Prüfung. Ich erinnere mich noch an unseren fehlgeschlagenen Versuch, die schwarze Messe im Fach Marketing von oben zu filmen, um besondere Anmerkungen auf den Blättern des Professors zu erhaschen.

TECHNIK DES RICHTIGEN LESENS

Du bist vermutlich ein schneller und fleißiger Leser, liest tagtäglich im Internet die heißesten Shoppingtipps, blätterst durch die Tageszeitung der Eltern, durchstöberst die Bunte und Gala beim Frisör und hast ein gutes Buch auf dem Nachttisch liegen. Und doch gibt es die allgemeine Art zu lesen und die Art, die Du Dir aneignen solltest, um Deine Lernzeit effizient zu nutzen. Im Studium wirst Du eine Unmenge an Literatur, zumeist schwer verdauliche Fachliteratur, wälzen müssen. Die richtige Herangehensweise kann Dir helfen, Texte schneller zu lesen und Dir den Inhalt besser zu merken. Bewährt hat sich die **SQ3R-METHODE,** wobei die Buchstaben für **»SURVEY« (UNTERSUCHEN), »QUESTION«**

(HINTERFRAGEN), »READ« (LESEN), »RECITE« (RE-ZITIEREN) und »REVIEW« (ÜBERBLICKEN) stehen.

UNTERSUCHEN: Verschaffe Dir als Allererstes einen Überblick über das Buch und den Text und versuche da schon, Wichtiges von Unwichtigem zu trennen. Das erspart Dir bis zu fünfzig Prozent Zeit. Du wirst sofort merken, dass das schöne Bildnis vom einsamen weißen Schwan über drei DIN-A4-Seiten für Deine weitere BWL-Karriere nicht wichtig ist.

HINTERFRAGEN: Hinterfrage Dich nach Durchsicht des Textes, warum Du genau den Text liest. Oft haben BWL-Studenten einen Text ausgeliehen, weil sie nur eine offene Frage haben, die in diesem Text auch geklärt wird. Zwar wird sie schon auf Seite zwei besprochen, doch Studenten neigen dazu, den Text dennoch bis zum Ende zu lesen. Dies ist verlorene Zeit und Du belastest Deinen Kopf dazu noch mit unnötigem Stoff, der Dich vielleicht sogar die wichtige Information vergessen lässt.

LESEN: Hast Du die wichtigen Passagen gefiltert, lies diese dafür umso genauer. Langsames Lesen ist dabei nicht mal förderlich. Bei höherer Lesegeschwindigkeit musst Du Dich mehr konzentrieren, Du schweifst weniger ab und behältst deshalb mehr.

REZITIEREN: Mach trotz des konzentrierten Lesens immer wieder Pausen und schreib Dir die wichtigsten Punkte heraus. Das Sprichwort »wer schreibt, der bleibt« gilt im Studium im besonderen Maße. Schreibst Du Dir nichts auf, vergisst Du in den ersten zehn Minuten danach fast achtzig Prozent dessen, was du gerade gelesen hast.

ÜBERBLICKEN: Überfliege ganz zum Schluss den gesamten Text noch mal und beachte gerade die Überschriften. Fasse die Quintessenz der wichtigsten Absätze kurz zusammen. So schaffst Du für Dich einen Gesamtüberblick über die Textpassagen. Dieser Überblick hilft Dir und Deinem Gehirn, das Gelesene besser zu behalten.

TECHNIK DES VERTEILTEN LERNENS

Viele Studenten lernen oft tagelang am Stück für ein einzelnes Fach. Eine Technik, die gehäuft vor wichtigen Prüfungen angewandt wird, so alt wie das Lernen selbst und dennoch völlig sinnlos ist. Das Gehirn kann diese Menge an Informationen gar nicht verarbeiten, ermüdet und die Motivation geht in Anbetracht des Berges an Stoff in den Keller.

Ich empfehle Dir, stattdessen auf verteiltes Lernen zu setzen. Teile Dir Deine Lernzeit bewusst in kleinere Blöcke von unterschiedlichen Fächern auf. Plane Pausen großzügig ein und scheue Dich nicht davor, noch am gleichen Tag nach einer Pause mit einem anderen Sachgebiet weiterzumachen. Auf diese Weise fühlt sich das Lernen nicht so stupide an. Wichtig ist nur, dass Du nicht mehr als zwei Fächer parallel lernst. Der Themenwechsel steigert die Aufmerksamkeit und fördert Deine Lernmotivation, vorausgesetzt die Kombination von Lernen und Motivation ist überhaupt vorhanden.

Die einzelnen Blöcke solltest Du nicht zu lang werden lassen. Wenn manche Studenten sich damit rühmen, fünf Stunden am Stück ein Matheskript durchgearbeitet zu haben, dann ist das eine reife Leistung, doch die Effektivität dieses Wissenskraftaktes dürfte gering sein. Das Gehirn ermüdet nach einiger Zeit, die Aufnahmefähigkeit sinkt rapide. Wenn Du merkst, dass Deine Aufmerksamkeit nachlässt, mach eine Pause, auch wenn Du erst seit einer Stunde lernst.

TECHNIK DES WIEDERHOLENS

Das größte Geheimnis des Lernerfolgs ist nicht die Zeit, die Du für ein Thema verwendest, sondern die Wiederholung. Sascha Spoun erachtet in seinem Buch »Erfolgreich studieren«[18] zu Recht mindestens drei Wiederholungsrunden als notwendig, es dürfen und sollten aber durchaus mehr sein. In den ersten Wiederholungsrunden wird Dich das Gefühl beschleichen, das Du alles vergessen hast. Bleibst Du aber am Ball und wiederholst den Stoff zum dritten oder vierten Mal, wirst Du feststellen, dass Du an einem Tag den Stoff wiederholen kannst, für dessen Erarbeitung Du Wochen gebraucht hast.

---

18 Quelle: Spoun, Sascha, Erfolgreich studieren, S. 182.

Als Wiederholungstechnik hat sich im Fach BWL das Karteikartensystem bewährt. Das einfache Prinzip, dass Du vermutlich noch vom Vokabelnpauken in der Schule kennst, ist auch für den BWL-Stoff hilfreich. Mit Karteikarten und einem Kasten von drei bis fünf Fächern bist Du bestens ausgestattet. Auf die Vorderseite einer Karte schreibst Du das zu lernende Thema und auf die Rückseite die Lösung. Anfangs steckst Du alle beschriebenen Karten ins erste Fach und fängst damit an, Karte für Karte durchzugehen. Wenn Du eine Lösung weißt, steckst Du die Karte ins nächste Fach, war Dir die Lösung nicht bekannt, so landet die Karte wieder im ursprünglichen Fach. So wandert eine Karte immer weiter nach hinten, wenn Du den Stoff jedes Mal weißt.

Damit sich das Wissen auch festigt, kommt es auf die Häufigkeit der Wiederholung an. Karten im Fach eins solltest Du täglich wiederholen, die Karten im zweiten Fach jeden zweiten Tag, Karten im dritten jeden vierten Tag und die Karten im vierten Fach nur einmal pro Woche.

!

Tipp: Nutze Deine Lerngruppe bewusst als Wiederholungsrunde. Wenn Du Dich von anderen abhören lässt, Ihr alte Prüfungsfragen durchgeht oder Du anderen Themen beibringst, fördert dies nachhaltig das Einprägen des Stoffes.

PAUSEN

Auch Lernpausen sind wichtig, sei es für einige Minuten oder ganze Tage. Sich vom Stoff zu lösen und an ganz andere Dinge zu denken, kann Wunder bewirken. Gute Tipps für ein tageweises

Abschalten findest Du in *Kapitel 9 Die freie Zeit neben dem Studium*. Aber auch an Deinen Lerntagen solltest Du bewusst Pausen machen. Nach dem Mittagessen kommt das sogenannte Suppenkoma, in dem Dein Körper runterfährt und Deine Konzentrationsfähigkeit stark nachlässt. Nutze diese Zeit, um einzukaufen oder Dich in Erwartung des Pakets Deiner Eltern zwei Stunden in die Postschlange zu stellen. Wenn Du all diese vermeintlich unwichtigen Dinge ständig verschiebst, weil Du angeblich zu viel lernen musst, raubt Dir das irgendwann die Nerven. Du lebst dann nämlich im Gefühl, dass Du neben dem Lernen zu nichts kommst. Und ganz nebenbei nerven die Anrufe derjenigen, die den selbstgemachten Weihnachtsstollen zurückgeschickt bekommen haben.

Mach aber auch dann Pausen, wenn Frust einsetzt, weil Du wieder an einer Matheübung verzweifelst. Ich empfehle in diesen Momenten einen »Gute-Laune-Schub«. Wie effektiv Du lernst, hat schließlich auch etwas mit Deiner positiven Grundstimmung zu tun. Ich erinnere mich an Tage in der Bibliothek, an denen wir für eine halbe Stunde nichts anderes gemacht haben, als anderen Lernenden, die ihre Schuhe unterm Tisch ausgezogen hatten, die Treter zu klauen, oder wir gaben dem Bibliothekspersonal einen Zettel mit der Bitte, den angeblich schwedischen Austauschstudenten Baad Zimpsen ausrufen zu lassen. Verschwendete Zeit? Ganz und gar nicht. Diese Form der Auflockerung führte vielmehr dazu, dass wir uns mit einem Lächeln im Gesicht an die nächsten Aufgaben machen konnten.

WEITERFÜHRENDE LITERATUR

Wer das Thema Lernen vertiefen möchte, dem seien drei Bücher ans Herz gelegt:

▶ Grotehusmann, Sabine: **DER PRÜFUNGSERFOLG. Die optimale Prüfungsvorbereitung für jeden Lerntyp.** Darmstadt, Gabal Verlag, 2008.

▶ Krengel, Martin: **BESTNOTE. Lernerfolg verdoppeln, Prüfungsangst halbieren.** Berlin, Eazybookz, 2012.

▶ Herrmann, Angela: **DER KÄNGURU-EFFEKT. Mit Riesensprüngen studieren und dabei fröhlich bleiben.** Berlin, uni-edition, 2008.

8.3
RICHTIGES WISSENSCHAFTLICHES SCHREIBEN – SEMINARARBEIT, BACHELORARBEIT UND CO.

Lernen und Klausuren sind leider nur ein Teil des BWL-Studiums. Das Schreiben von wissenschaftlichen Texten gehört ebenfalls zur studentischen Arbeit, wenn es auch nicht andeutungsweise so viel Platz und Zeit einnimmt wie Vorlesungen und Klausuren. Dennoch sind verschiedene wissenschaftliche Arbeiten abzuliefern.

Zumeist schreibst Du die wissenschaftlichen Texte während Deiner Spezialisierungsphase und als Bachelorarbeit zum Schluss Deines Studiums.

Zum Schreiben ist nicht jeder geboren. Wenn Du aber gewisse Regeln befolgst, wirst Du feststellen, dass wissenschaftliches Arbeiten kein Buch mit sieben Siegeln ist. Die nachfolgenden Hinweise gelten gleichermaßen für kleinere BWL-Seminararbeiten wie auch für die große Bachelorarbeit.

DAS RICHTIGE THEMA UND DIE RICHTIGE GLIEDERUNG

Am Anfang jeder wissenschaftlichen Arbeit steht das Thema. Bei Seminararbeiten ist das Thema entweder vorgegeben oder – und das ist der häufigere Fall – frei wählbar. Der Lehrstuhl grenzt lediglich das Thema grob ein, im Fach Marketing zum Beispiel Online-Marketing. Nun solltest Du folgendermaßen vorgehen:

RECHERCHIER EIN ANGESEHENES WERK AUS DIESEM TEILBEREICH UND SCHLAGE DAS DARIN BEHANDELTE ALS THEMA VOR! Viele Studenten haben den Anspruch etwas Bedeutendes zu schreiben. Doch dies ist schlichtweg unmöglich. Wenn Du nicht gerade als nächster Wirtschaftsnobelpreisträger gehandelt wirst, werden Dir im Rahmen Deiner Seminare und der Bachelorarbeit mit zwei bis acht Wochen Bearbeitungszeit keine sensationellen neuen Erkenntnisse kommen. Wähle deshalb lieber das Werk eines renommierten Wissenschaftlers als Basis für Deine Arbeit.

Er hat sich vermutlich monatelang über das Thema den Kopf zerbrochen und ein Werk abgeliefert, das Du definitiv nicht übertreffen kannst. An diesem Buch kannst Du Dich bei Deiner Arbeit entlanghangeln und mit Hilfe seiner Gliederung bereits eine erste Gliederung entwerfen.

DETAILLIERTE ABSTIMMUNG VON THEMA UND GLIEDERUNG MIT DEINEM BETREUER! Der Segen des Lehrstuhls zu Deiner Gliederung ist genauso wichtig wie das Thema. Wie bei allen guten Texten zeigt die Gliederung, dass das Werk strukturiert und von vorn bis hinten durchdacht ist. Gibt Dein Betreuer sein Okay für die Gliederung, ist das die halbe Miete für eine gute Arbeit.

!

Tipp: Für Bachelorarbeiten gilt, dass Du die freie Auswahl hinsichtlich des Lehrstuhls und Deines potenziellen Betreuers hast. Du solltest davon definitiv Gebrauch machen. Ein guter Betreuer – und ich rede hier aus Erfahrung – ist Gold wert. Nach einigen Semestern haben sich gewisse Assistenten an den Lehrstühlen herauskristallisiert, mit denen Du gut kannst und die Dir außerhalb des Protokolls gute Tipps geben. Sie sollten Deine ersten Ansprechpartner bei der Wahl des Themas der Bachelorarbeit sein.

Im Übrigen brauchst Du keine Angst vor ungewöhnlichen Themen zu haben, BWL-Arbeiten lassen sich zu nahezu jedem Thema schreiben. Hier nur einige Beispiele für skurrile BWL-Themen:

Hurra! Endlich alt! Seniorenmarketing und Demografiemanagement als Wettbewerbsstrategien der Zukunft

Fan geht vor – die optimale Ausgestaltung eines Stadionbesuches

Marketingmaßnahmen ungarischer Frauenärzte zur Patientengewinnung

DIE RICHTIGE RECHERCHE

Die Recherche der richtigen Literatur ist sicherlich nicht die Lieblingsaufgabe von Studenten. Gerade BWL-Studenten neigen dazu, zu viel Literatur zu verwenden und einen Haufen Geld für Fernleihen und Fachliteratur auszugeben. Doch das ist nicht nötig. Wenn Du einige Grundsätze beachtest, sparst Du viel Zeit und Geld und kannst Dich in der restlichen Zeit dem Schreiben widmen.

Kern Deiner Arbeit sollten nicht mehr als zwei bis fünf Bücher sein

!

Dein Hauptbuch hast Du bereits, bis zu vier weitere Bücher solltest Du maximal detailliert zurate ziehen. Alle weiteren Quellen sind Beiwerk. Sie unterstreichen die Thesen der fünf Bücher und zeigen Deinem Seminar- oder Bachelorarbeitsbetreuer, dass Du eine umfangreiche Literaturrecherche betrieben hast. Solltest Du wieder einmal abschweifen und die Quelle der Quelle der Quelle recherchieren wollen, denk an die Grundregel, die Wilhelm Busch zugeschrieben wird: **»Setz Dich an des Tisches Mitte, nimm zwei Bücher, schreib das Dritte.«**

Nutze Bücher und vermeide Internetquellen

!

Für private Recherchen vom ausgefallenen Backrezept über historische Daten bis hin zum preiswerten Hotel ist das Internet sehr hilfreich. Für die wissenschaftliche Recherche solltest Du weiterhin auf die klassischen Medien Buch und Fachzeitschrift zurückgreifen. Sie sind deutlich höher angesehen und verlieren im Gegensatz zu Internetlinks nie ihre Gültigkeit.

Achte auf die Qualität der Quellen

!

Bei der Wahl der Quellen gilt das Prinzip »Klasse statt Masse«. Du solltest auf international renommierte Fachmagazine zurückgreifen, auch wenn diese auf Englisch publizieren.[19] In ihnen findest Du Texte hochdekorierter Wissenschaftler, deren fachliche Reputation und Forschungsschwerpunkte meistens auch Deinem Betreuer bekannt sind. Das wird sich positiv auf Deine Note auswirken.

---

19 Beispiele sind das Academy of Management Journal, der Sloan Management Review oder der Harvard Business Review.

Kopieren statt kaufen

!

Bevor Du ein Werk kaufst, solltest Du lieber die wichtigen Passagen kopieren. Häufig genug kommt es vor, dass man bei Weitem nicht das ganze Werk benötigt. Schöner Nebeneffekt: Nach einer harten Bachelorphase bist Du mit dem Copyshop-Personal bald per Du und kannst alle Druckmaschinen selbst bedienen.

Hab Spaß bei der Recherche

!

Trotz der langweiligen Literaturrecherche solltest Du den Spaß nicht vergessen. Eine besonders schöne Anekdote ist mir im Gedächtnis geblieben. Ein Kommilitone lieh sich absichtlich das Buch eines Autors namens Ramazzotti aus und ließ dies an der Ausleihtheke vermerken. Kurz darauf bat ein anderer Kommilitone darum, man möge doch bitte den Ausleiher des Ramazzotti-Buches ausrufen lassen. So schallte es dann durch die Flure der Bibliothek: »Herr Müller, bitte den Ramazzotti zur Theke.«

DAS RICHTIGE SCHREIBEN

Hast Du die passende Literatur zusammen, musst Du sie lediglich in die richtige Form gießen. Dabei solltest Du folgende Regeln befolgen:

Beachte die gewünschte Form der Arbeit

Jeder Lehrstuhl hat Vorgaben bezüglich des Zeilenabstandes, der Seitenränder oder des Literaturverzeichnisses. Oftmals haben Studenten höherer Semester am gleichen Lehrstuhl eine wissenschaftliche Arbeit geschrieben und können Dir die passende Word-Formatvorlage zur Verfügung stellen. Professoren achten peinlich genau auf die Vorgaben. Nicht umsonst heißt es, dass an vielen Lehrstühlen die Form den Inhalt 3:1 schlägt.

Speichere regelmäßig Dein Dokument

Nichts ist schlimmer als drei Tage geschrieben zu haben und dann feststellen zu müssen, dass aller Aufwand umsonst war. Sichere Dein Dokument deshalb ständig und an verschiedenen Orten. Das sollte erstens Dein Computer sein, zum Zweiten ein USB-Stick, zum Dritten ein Internet-Mailaccount, von dem Du das Dokument abrufen kannst. Wenn Dir Deine Tasche mit dem Laptop und dem USB-Stick geklaut wird, hast Du auf diese Weise immer noch die aktuellste Version in Deinem Internetpostfach.

Achte auf richtiges Zitieren und korrekte Quellenangaben

Wenn Du schon viel abschreibst, dann halte Dich peinlich genau an die Zitierrichtlinien. Zitierst Du etwas wortwörtlich, musst Du den Textabschnitt mit Anführungsstrichen versehen. Hast Du etwas sinngemäß übernommen, musst Du dies zumindest kennzeichnen. Zum Thema Zitieren gibt es Hunderte von Vorschriften und jeder Lehrstuhl hat seine eigenen Vorgaben. Informiere Dich daher, bevor Du mit Deiner Arbeit beginnst, genau über die Zitierrichtlinien.

Drücke Dich angemessen aus

Umgangssprache hat in einer wissenschaftlichen Arbeit nichts zu suchen. Wer diese verwendet, kann gern mal mit einem ordentlichen Punktabzug rechnen. Auch solltest Du Behauptungen oder persönliche Meinungen, die mit »Man sollte mal ...« oder »Ich bin mir sicher, dass ...« anfangen, um jeden Preis vermeiden.

Achte vor allem auf das letzte Kapitel und den Schluss

!

Bei wissenschaftlichen Arbeiten wird verstärkt auf die zusammenfassenden Kapitel am Ende geachtet. Beispielhaft sei hier die Diplomarbeit eines Freundes erwähnt. Durchgängig war seine Arbeit nach eigener Aussage wenig fundiert, lediglich für den Schlussteil fand er hervorragende Quellen mit guten Erkenntnissen. Der Kommentar des Lehrstuhls zu seiner Arbeit lautete schließlich: »Die Arbeit war am Anfang Kreisklasse und am Ende Weltklasse, Note 1,7.« Die Bedeutung des Schlussteils ist also nicht zu unterschätzen.

! **Tipp:** Du solltest Deine Arbeit vor der Abgabe von mindestens zwei Personen Korrektur lesen lassen. Deine Helfer sollten am besten fachfremd sein und sich in Sachen Interpunktion und Wortschatz sehr gut auskennen.

ZUSAMMENFASSUNG

Wissenschaftliches Arbeiten hat wie Lernen vor allem etwas mit Organisation und richtigen Entscheidungen zu tun. Wählst Du das richtige Thema und die richtige Betreuung und beachtest die Regeln hinsichtlich der Recherche und des Schreibens, bist Du bestens gerüstet, um auch den Teil des wissenschaftlichen Arbeitens mit ausgezeichneten Noten abzuschließen.

9
DIE »FREIE« ZEIT NEBEN DEM STUDIUM

Auch wenn dies ein Studienratgeber ist, so soll die freie Zeit neben dem Studium nicht unerwähnt bleiben. Freizeit ist ein wichtiger Ausgleich und hilft Dir, neue Energie für das Studium zu tanken, auf andere Gedanken zu kommen und mal die Seele baumeln zu lassen. Wie viel freie Zeit Du wirklich hast, wo Du in der Freizeit andere BWLer antriffst und wie Du das Abendprogramm im Stile eines BWLers gestaltest, ist Inhalt dieses Kapitels.

9.1
WIE VIEL FREIZEIT HAT EIN BWLER?

Die BWL-Studenten und ihre freie Zeit sind ein Thema für sich. Wenn Du BWL-Studenten fragst, wie viel Freizeit sie haben, wird die Antwort immer lauten, dass man als BWL-Student dauerbeschäftigt ist. Für den BWLer gehört es zum guten Ton zu behaupten, man hätte schon viel gelernt und müsse noch umso mehr lernen. Innerlich beschleicht den BWLer ständig das Gefühl, zeigen zu müssen, dass man hart arbeiten kann. Deshalb gaukelt sich der BWLer Arbeit vor und befolgt kaum einen der vorher genannten Ratschläge.

BWL-STUDENTEN BERAUBEN SICH IHRER FREIZEIT, WEIL SIE STÄNDIG NEUE LERNPLÄNE AUFSTELLEN

Nennen wir das Kind mal beim Namen: Würden BWLer effektiver planen und lernen, hätten sie eine Menge Freizeit. Doch die Lernmethoden von BWLern unterliegen einem ständigen Wandel. Statt einmal vernünftig zu planen, schmeißen BWLer ihre Lernpläne ständig um und bringen sich damit um ihre Lerneffizienz. Die Veränderung wird dann als ökonomisch notwendige Optimierung verkauft.

SIE BERAUBEN SICH IHRER FREIZEIT, WEIL SIE DENKEN, DASS MASSE GLEICH KLASSE IST

BWLer glauben, dass man nur durch langes Lernen auch zum Erfolg kommt. Deshalb setzen viele BWL-Studenten die Arbeitszeit mit den Öffnungszeiten der Bibliothek gleich. Nach einem langen Zwölfstundentag in der Bibliothek kann man schon mal das Gefühl haben, dass man richtig was weggeschafft hat. Dass man aber ineffizient rumgesessen hat, dreimal nur knapp dem Sekundenschlaf entkommen ist und 25 Kaffeepausen gemacht hat, wird selbstverständlich verdrängt.

Realistisch gesehen hast Du als BWL-Student ausreichend Freizeit. Der zu lernende Stoff ist umfangreich, aber bei richtiger Lernorganisation gut zu bewältigen *(siehe Kapitel 8 Das richtige Lernen, das richtige Schreiben)*. Lass Dich deshalb nicht von Kommilitonen verrückt machen, die ständig und überall behaupten, dass sie keine Zeit hätten. Schaff Dir lieber Deinen eigenen Zeitplan und bau in diesen bewusst und nicht zu knapp das Thema

Freizeit ein. Wenn Du Deine Lern- und Freizeitphasen planst, richte diese auch ein wenig nach der Masse der BWL-Studenten. Gerade am Anfang des Semesters wirst Du alle am Badesee, beim Sport oder auf den Partys treffen. Erfahrungsgemäß setzt spätestens Mitte des Semesters die Panik ein, so dass Deine BWL-Freunde die Priorität auf das Lernen legen.

9.2
WELCHE HOBBYS HAT DER BWLER?

Ein BWLer oder eine BWLerin ist bestrebt, die freie Zeit möglichst effektiv zu nutzen und Hobbys zu wählen, die für das studentische und später berufliche Dasein hilfreich sind. Auf die Frage, was er oder sie in der Freizeit gern und häufig macht, wirst Du Hobbys genannt bekommen, die sich eher nach Arbeit als nach Spaß anhören.

EINE RENOMMIERTE TAGESZEITUNG LESEN

In seiner Freizeit liest der BWLer angeblich die Frankfurter Allgemeine oder die Süddeutsche Zeitung. Offiziell hat er eine Tageszeitung abonniert, um bezüglich des Wirtschaftsgeschehens auf dem Laufenden zu bleiben. Inoffiziell will er damit nach außen das Bildungsbürgertum repräsentieren. Aus diesem Grund wird die Zeitung selbstverständlich mit in die Hochschule gebracht. Dort blättert auch der BWL-Student mit Vorliebe den

Boulevardteil der Zeitung durch, würde dies aber in Gesprächen mit Kommilitonen nie zugeben und fachsimpelt deshalb lieber auf bescheidenem Niveau über die aktuellen Börsenkurse. Dabei wäre es durchaus sinnvoll, sich auch den Wirtschaftsteil genauer zu Gemüte zu führen.

INS FITNESSSTUDIO GEHEN

»Mens sana in corpore sano – Ein gesunder Geist in einem gesundem Körper«. Dieses Sprichwort hat der BWLer ständig im Kopf, weshalb er Sport eine hohe Bedeutung für seine Leistungsfähigkeit beimisst. Die Anmeldung im Fitness-studio ist obligatorisch, wobei es als BWL-Student eher der geho-benere Standard à la Fitness First sein muss. Auch wenn sich die Mitgliedskarte gut im Portemonnaie macht, so ist die Anwesen-heit sehr spärlich. Wie neunzig Prozent aller angemeldeten Bun-desbürger sieht man den BWLer vor allem an zwei Daten im Fit-nessstudio: am 2. Januar, wenn die guten Vorsätze noch gelebt werden, und in der ersten Juniwoche, wenn der Sommer naht, die Bikinifigur noch nicht in Schuss ist und fürs Fitnessstudio lan-ge vor der Klausurenphase noch Zeit bleibt.

GOLF SPIELEN

Es klingt nach Klischee und doch ist die Sportart Golf durchaus ein Thema unter BWL-Studenten. Dies hat verschiedene Gründe: Zum einen spielen einige – bevorzugt die Kinder aus reichem Elternhaus – bereits seit ihrer Jugend Golf und bringen dieses

Hobby mit an die Hochschulen. Zum anderen wird einem immer wieder erzählt, wie viele Vorstände Golf spielen und wie häufig die Geschäfte auf dem Golfplatz abgewickelt werden. Aus Erfahrung halte ich diese Einschätzung für maßlos überzogen, doch viele BWL-Studenten glauben dieses Märchen und melden sich deshalb zum Golfplatzreifekurs an. Der ist im Verhältnis zur Mitgliedschaft leicht zu bestehen und gibt einem das Gefühl, später zum Kreis der Vorstände dazugehören zu können.

SICH FÜR WOHLTÄTIGE ZWECKE ENGAGIEREN

Im Internet kannst Du unter Bewerbungstipps nachlesen, dass soziales Engagement einen dicken Pluspunkt bringt. Hauptsächlich aus diesem Grund engagieren sich BWLer in der Freizeit in wohltätigen Organisationen. Selbstverständlich machen sie sich bei der Caritas oder dem Roten Kreuz nicht die Finger schmutzig. Vielmehr suchen sie ihr Heil in den Studentenablegern der Elitewohltätigkeitsorganisationen Rotary und Lions Club. Leo-Club, die Studentenorganisation des Lions Clubs, und Rotaract, das Studentenpendant zum Rotary Club, gibt es in nahezu jeder Studentenstadt. Diese Vereine sind eng mit der lokalen Wirtschaft verbunden, sozial sehr engagiert und leisten viel Gutes. Eine Mitgliedschaft kann ich deshalb durchaus empfehlen. Ob allerdings mehr oder minder musisch begabte BWLer jedes Jahr auf der Querflöte Weihnachtslieder spielen müssen, sei mal dahingestellt.

IN EINER STUDENTISCHEN
UNTERNEHMENSBERATUNG ARBEITEN

Eine große Gruppe von BWL-Studierenden lebt den Traum vom Unternehmensberater, der Weltkonzerne berät und am ganz großen Strategierad dreht. Nichts liegt da näher, als mit der Beratungsstätigkeit schon im Studium anzufangen und neben einschlägigen Praktika in der Freizeit das Handwerk zu erlernen. Einige BWLer engagieren sich deshalb in der studentischen Unternehmensberatung. Studentische Unternehmensberatungen sind an der Hochschule ansässige, von Studenten geführte Beratungen. Meist akquirieren sie kleinere Aufträge bei Unternehmen und führen diese, im Vergleich zu klassischen Unternehmensberatungen, zu einem niedrigeren Preis durch. Als Student hast Du so die Möglichkeit, neben Praxisbezug auch etwas dazuzuverdienen. Studentische Unternehmensberatungen gibt es an über fünfzig Standorten in Deutschland.

▶ Weitere Infos findest Du unter **www.bdsu.de** oder unter **www.jcnetwork.de**.

Die Hoffnung, in der studentischen Unternehmensberatung tief greifende, lebensbestimmende Erfahrungen zu sammeln, solltest Du aber nicht haben. Ich habe als Student beispielsweise ein Textilveredlungsunternehmen beraten, ein paar Euro dazuverdient und dabei lediglich gelernt, dass in bayerischen Produktionsbetrieben immer noch verdammt viel getrunken wird und die Tag- gegen die Nachtschicht um die Wette die Bierautomaten leertrinkt.

AN DER SELBSTSTÄNDIGKEIT BASTELN

BWLer wählen ihre Freizeitbeschäftigung auch danach aus, was eine gute Chance bieten könnte, über die Selbstständigkeit ans große Geld zu kommen. Eine Zeitlang war deshalb das Lieblingshobby der BWL-Studenten über Onlineshops nachzudenken. Während Männer hier über Versand- und Logistikkonzepte sinnierten, fachsimpelten Frauen über den Kleiderschrankkonfigurator oder den Handtaschenleihshop im Internet. Inzwischen wurde die Interneteuphorie als Top-Thema vom Hype um sogenannte mobile Apps abgelöst. Jede noch so kleine Idee – und sei es die 4.287ste Karaoke-App fürs Smartphone – wird heiß diskutiert und als sensationeller, bahnbrechender Gedanke im Freundeskreis präsentiert. Im gleichen Atemzuge malt sich der BWLer aus, was er alles mit dem vielen Geld machen kann, dass dank seiner Ideen fließen wird.

Du siehst, dass den BWLer auch in seiner Freizeit das Thema Wirtschaft stark beschäftigt. Was ein BWLer als Hobbys angibt und was er letztlich in seiner Freizeit macht, sind aber zwei Paar Schuhe. Viele der so beeindruckend klingenden Hobbys sind nur vorgeschoben. In Wirklichkeit verbringt ein BWL-Student die Freizeit auch nicht wesentlich anders als der Otto Normalstudent.

FAULENZEN

Es wird zwar ständig totgeschwiegen, aber selbst der BWL-Student faulenzt hin und wieder. Wenn in der Mensa über Trash-TV-Formate wie Big Brother oder Dschungelcamp gesprochen wird, kann der BWLer erstaunlicherweise bestens mitreden, behauptet aber ständig, dass er die Infos zufällig auf Spiegel online gelesen hätte.

Ich kann Dir den Tipp geben, ruhig gelegentlich vor dem Fernseher zu entspannen und die Seele baumeln zu lassen. Das schlechte Gewissen, den ganzen Tag nichts geschafft zu haben, kommt schon von allein.

SHOPPEN

Noch mehr als andere Studenten lieben BWLer das Shoppen. Schließlich sind sie sehr auf Aussehen und Ansehen bedacht. So verbringen gerade BWL-Studentinnen viel Zeit mit dem Thema Mode und wenn sie nicht gerade beim Shoppen sind, so lesen sie zumindest Frauenzeitschriften wie Elle oder Vogue und sind über aktuelle Trends immer bestens informiert. Gewagte Modeexperimente finden letztlich aber nie den Weg in den Kleiderschrank, denn dafür ist die BWLerin definitiv zu konservativ.

MIT FREUNDEN TREFFEN

BWL-Studentinnen lieben es genauso wie Studentinnen anderer Studiengänge, stundenlang im Café zu sitzen und über Gott und die Welt zu quatschen. Zur gleichen Zeit sitzen die Männer in der Kneipe und fiebern mit ihrem Verein bei der Bundesligakonferenz. Eins aber bleibt unter BWL-Freunden verpönt: Für einen Spieleabend mit befreundeten Pärchen sind BWLer nicht unbedingt zu haben.

NORMALEN SPORT TREIBEN

Selbst wenn einige auf dem Golfplatz die Schläger schwingen, so betätigt sich doch die breite Masse der BWL-Studenten und -Studentinnen mit den angeblich langweiligen Sportarten. Auch BWLerinnen powern sich beim Zumba aus und schwitzen mit Lehramt- und Medizinstudentinnen um die Wette. Die männlichen BWL-Studenten spielen währenddessen mit der Studententruppe Fußball oder prügeln Tennisbälle über den Platz. Auf der Suche nach einem preisgünstigen und vielfältigen Sportangebot in Deiner Studentenstadt sollte der Hochschulsport Dein erster Anlaufpunkt sein. Dort werden zahlreiche Kurse angeboten.

FEIERN GEHEN

BWLer zeichnen sich dadurch aus, dass sie im Gegensatz zu anderen Studenten alles in Extremen machen. Wenn gelernt wird, wird extrem viel gelernt. Und wenn gefeiert wird, wird extrem exzessiv gefeiert. Sowohl der weibliche als auch der männliche BWLer trinken gern und viel. Und da Feiern einen großen Teil der BWLer-Freizeit ausmacht und ein ebenso großes Loch in jeden Geldbeutel reißt, ist diesem Thema ein extra Abschnitt gewidmet.

9.3
WIE FEIERT DER BWLER?

Es klang bereits mehrfach an, dass BWL-Studenten gern feiern. Der Grund liegt sicherlich darin, dass der BWLer dort die beste Bühne hat, sich zur Schau zu stellen. Dies äußert sich in verschiedenen Verhaltensweisen, die im Folgenden kurz beschrieben werden sollen. Die Handlungen sind natürlich frei erfunden und jegliche Ähnlichkeit mit lebenden Personen wäre rein zufällig.

DAS VORGLÜHEN

Da Studenten wenig Geld haben, treffen sie sich vorab privat auf das ein oder andere Getränk. Dieses sogenannte Vorglühen findet zumeist bei einem Studenten zu Hause statt. Auffällig ist aber, dass der BWLer nur zähneknirschend seine Wohnung zur Verfügung stellt, vor allem wenn sich mehr als fünf Personen ankündigen. Der BWL-Student ist wie erwähnt ichbezogen und nicht gerade gastfreundlich. Dafür denkt er zu rational und hat Sorge, dass die Gäste die Bude verwüsten oder die Vorräte plündern könnten. Der Nutzen der Party steht also zu den Kosten in keinem Verhältnis.

Dieses Phänomen des ökonomischen Abwägens zeigt sich auch auf Privatpartys, bei denen im Normalfall jeder etwas mitbringt. Hier sind die BWL-Studenten die geizigste Fraktion. Während Naturwissenschaftler mit selbstgemachtem Hirsesalat und Dinkelkuchen aufwarten, bringen BWL-Studenten Wein, Prosecco oder Schnaps mit auf die Party, trinken diesen selbst leer und beschweren sich im Nachgang über das angebotene Ökoessen.

Privatpartys sind ohnehin nicht das bevorzugte Terrain des BWLers. Sie sind nett, aber zu klein und nicht die richtige Bühne. Privatpartys wirst Du bei BWLern nur als große Sause mit mindestens fünfzig Personen und hundert Dezibel erleben. Das gemütliche Zusammensitzen mit Freunden kann man angeblich auch noch im hohen Alter machen.

DIE FEIERLOKALITÄTEN

Den BWLer zieht es zu späterer Stunde meistens in die Studentenclubs der Stadt. Bezüglich des Feierortes ist er nicht sonderlich wählerisch. Gefeiert wird da, wo alle Studenten hingehen. Der BWLer feiert dort aber nicht, um andere Studenten – zum Beispiel Angehörige von Minderleister-Studiengängen wie Lehramt oder Sozialpädagogik – kennenzulernen, sondern nur um zu zeigen, dass man als BWLer cooler ist. Man erkennt sowohl Frauen als auch Männer an der aufgesetzt lässigen Art, die jedoch nicht vom steifen Blusen- oder Hemdkragen ablenken kann, und an dem Versuch, im schäbigen Studenten-Gewölbekellerclub weltmännisch rüberzukommen. Nachdem der BWLer seine Jacke an der Garderobe abgegeben hat – begleitet vom Spruch »Ich brauche keinen Abholzettel, wenn ich gehe, ist sowieso nur noch eine Jacke da« –, führt ihn sein erster Weg zielsicher an die Bar.

DIE GETRÄNKE

Dort dürfen die passenden Getränke nicht fehlen. Frauen bestellen Modegetränke wie Aperol Sprizz oder Hugo und greifen nur im Notfall zum Longdrink-Sonderangebot von zwei Euro. Aber selbst dann haben sie Sonderwünsche und bestellen Wodka-Apfel. Männer bleiben beim Bier, wobei Bier vom Fass etwas für Primitive ist und deshalb Beck's aus der Flasche getrunken wird. Ist die Stimmung noch nicht optimal, wird mit Brandbeschleunigern à la Wodka Red Bull oder Gin Tonic gearbeitet.

DAS GRUPPENVERHALTEN

BWLer treten auf Partys in Gruppen auf. Eine Gruppe von BWL-Studenten fällt allein durch die Lautstärke und das zur Schau gestellte Anstoßen auf. Männer und Frauen feiern häufig getrennt voneinander, rücken aber zu fortgerückter Stunde immer näher zusammen. Stell Dich darauf ein, dass die Durchmischung mit anderen Studenten gering ist. Im Einzugsgebiet der BWLer feiern mit Dir maximal die klassischen Blusenfraktionen der Juristen oder Mediziner. Naturwissenschaftler oder Germanisten verirren sich nur selten in die Gruppe und wenn, dann sind es Deine WG-Mitbewohner.

Männliche BWL-Studenten begeben sich beizeiten auf die Suche nach weiblicher Beute aus anderen Studiengängen und versuchen sich als Einzelkämpfer außerhalb der Gruppe. So drehen sie unzählige Runden durch den Club, die gemeinhin auch Bademeisterrunden genannt werden. Bei Studentinnen anderer Fachrichtungen kommt der einzeln auftretende BWLer allerdings nicht immer gut an. So kehrt der Einzelkämpfer nach Stunden wieder allein zur Gruppe zurück und tut so, als wäre er nur mal kurz weggewesen.

DER TANZSTIL

Auf der Tanzfläche fällt der BWLer ganz besonders auf und hebt sich klar von der Masse ab. Die Mehrzahl der Studenten feiert zwar ausgelassen, verfolgt aber eher das Hitch-der-Date-Doktor-Tanzflächenprinzip: So wenig wie möglich auffallen und im wahrsten Sinne des Wortes nicht aus der Reihe tanzen. Für den BWLer gehört Auffallen zum Programm. Du wirst BWL-Tanzpaare sehen, die wie Tornados ad hoc die Richtung ändern. Und das nicht nur einmal; die BWLer-Tanztornados kommen in einer Anhäufung auf der Tanzfläche vor, wie es die USA zur stärksten Wirbelsturmsaison nicht gewohnt sind.

Die Rede ist vom Knotentanz, in Deutschland nach der Vorturnerin Frau von Friesen auch Friesenrock genannt. Dieser entstammt den Adels- und Verbindungskreisen und wird von jedem BWL-Erstsemester aus besserem Hause, vorzugsweise der High Society Münchens, Hamburgs oder Düsseldorfs entsprungen, mit ins Studium gebracht. Bei diesem Discofox für Arme wird neben einer bescheidenen Beinarbeit viel mit den Armen gearbeitet. Ziel ist es, den Tanzpartner und sich selbst möglichst schnell und häufig zu drehen und dabei tanzähnliche Bewegungen vorzuführen. Der Etikette des BWLers entsprechend bleibt ausreichend Abstand zwischen Mann und Frau während des gesamten Tanzes gewahrt. Auch das Streichen durch die Haare ist strengstens verboten, um die mit viel Gel oder Fönarbeit gerichtete Frisur nicht zu zerstören.

Der Friesenrock ist auf Partys keine kurzfristige Erscheinung. Er wird leider stundenlang am Stück bis zum Exzess betrieben und macht weder vor DJ Ötzis Ein Stern noch AC/DCs Highway to hell Halt. Du solltest Dich folglich möglichst frühzeitig in die »Kunst« des Knotentanzes einweisen lassen. Stell Dich auf überraschende Positionswechsel und blaue Flecken ein. Bedenke auch, dass Schwindel und verknotete Arme nur zwei von vielen Nebenwirkungen sind. All dies lässt sich ertragen, wenn Du das Fernziel im Hinterkopf behältst: die Aufnahme in den elitären Kreis der Knotentänzer. Nur wer den Friesenrock beherrscht und sich vom Gehüpfe der Jugend abhebt, dem steht die vermeintlich schillernde Welt der BWLer offen.

DIE FEIERDAUER

Da langes Feiern auch ein Zeichen von Durchhaltevermögen ist, feiert der BWLer bis in die frühen Morgenstunden. Gerade der männliche BWLer übertreibt es dabei und handelt nach dem Leitspruch »Wer viel verträgt und lange feiert, ist ein cooler Hund«. Dass dies bei den Frauen nicht gut ankommt, hat ihm noch keiner gesagt und ist auch noch keinem aufgefallen, schließlich trinken seine männlichen BWLer-Freunde ebenfalls andauernd einen über den Durst und auch sie bemerken die ablehnende Haltung der Damenwelt nicht.

Dass er bei den Frauen nicht landen konnte, wird am nächsten Tag durch Anekdoten voller unfassbarer Erlebnisse überspielt. Sie dienen der eigenen Profilierung und sollen rechtfertigen, warum man bis fünf Uhr morgens gefeiert hat. Im Gegensatz zu anderen Studenten erlebt der BWLer angeblich jedes Mal zu fortgeschrittener Stunde Fantastisches. So wird Dir von der Polonaise mit den schwedischen Austauschstudentinnen berichtet, von Sensationsleistungen am Glas, von der Überlistung der Polizei mit der BWLer-eigenen überlegenen Intelligenz oder von einer Fahrradtour durch den örtlichen McDrive.

Feiern mit Deinen Kommilitonen kann also anstrengend, aber auch lustig werden. Stell Dich auf ausgelassene Abende ein, die Körper und Geldbeutel belasten, und darauf, dass Du argwöhnisch von anderen Studenten beäugt wirst. Vor allem aber lass Dich mitreiben und genieße diesen Aspekt des Studentenlebens in vollen Zügen. Mit Lernen, Klausuren und Praktika hast Du schon genug zu tun. Nutze deshalb die Freizeit, um richtig abzuschalten.

10
DAS AUSLANDSSEMESTER –
EIN MUSS FÜR BWLER

Das deutsche Fernweh hat inzwischen auch die Hochschulen erreicht. War vor zwanzig Jahren ein Auslandssemester etwas Exotisches, verbringt heutzutage über ein Drittel der BWL-Studenten einen Teil des Studiums im Ausland. Auch Du solltest diesen Schritt wagen. Ein Auslandsstudium ist für Deine persönliche Entwicklung von großer Bedeutung und in den Personalabteilungen hoch angesehen. Aus eigener Erfahrung kann ich sagen, dass Dein Auslandssemester die vermutlich aufregendste Zeit Deines bisherigen Lebens wird.

In diesem Kapitel dreht sich alles um das vorübergehende Studium im Ausland. Warum solltest Du ins Ausland gehen, wie planst Du den Aufenthalt richtig und was solltest Du während Deiner Zeit »weit weg von zu Hause beachten«?

10.1
WARUM INS AUSLAND?

»Reisen bildet« lautet die Volksweisheit. Folglich müsste der Effekt bei einer Bildungsreise doppelt so groß sein. Für ein Auslandssemester jedenfalls kann ich dies voll und ganz unterschreiben. Viele gute Gründe sprechen für einen Studienaufenthalt im Ausland.

DU LERNST EINE FREMDE SPRACHE

Du kannst noch so oft auf der Fahrt zur Hochschule die Sprach-CD hören oder den 90er-Jahre-TV-Sprachunterricht mit langweiligem Moderator verfolgen, eine fremde Sprache lernt man nur vor Ort richtig. Das Schöne dabei ist, dass Du die Sprache quasi nebenbei lernst: beim Bäcker, in der Bar, beim Fernsehgucken oder im Bett.

DU TAUCHST EIN IN DIE KULTUR EINES LANDES

Ein kurzer Urlaub in einem Land eignet sich selten, um Gebräuche und Gepflogenheiten eines Landes kennenzulernen. Du wohnst in einer Ferienanlage, die Kellner sprechen alle Deutsch und statt einheimischem Essen gibt es schlecht gemachte Schnitzel und einmal in der Woche einen bayerischen Abend. Wer ferne Länder richtig entdecken will, muss tagtäglich mit Einheimischen zu tun haben und deren Alltag erleben.

DU HAST DIE MÖGLICHKEIT,
EIN LAND INTENSIV ZU BEREISEN

Ich selbst habe die Erfahrung gemacht, dass ich die spanischen Hauptsehenswürdigkeiten des Landes nach fünf Monaten besser kannte als die Attraktionen Deutschlands nach 35 Jahren. Das Gefühl, nur einmal vor Ort zu sein und deshalb alles sehen zu müssen, beschleicht einen immer wieder. In Deutschland scheut man selbst die zweistündige Autofahrt ans Meer, weil dies doch nur für ein Wochenende und deshalb zu stressig ist. Im Ausland setzt Du Dich zum Glück auch freitagnachmittags noch in den Bus, um sieben Stunden später an einem anderen Ort beeindruckende Bauwerke zu betrachten und die sensationelle Innenstadt zu genießen.

DU SCHAFFST INTERNATIONALE KONTAKTE

Während eines Auslandssemesters lernst Du viele neue Leute aus der ganzen Welt kennen. Durch die einfache digitale Kommunikation ist die Kontaktpflege auch nach dem Auslandssemester möglich. So kann es nach einem Auslandssemester durchaus sein, dass Du am anderen Ende der Welt Freunde fürs Leben gefunden hast. Und es gibt Schlimmeres als zum Beispiel während einer Brasilienreise im Elternhaus Deines Kumpels übernachten und so vollständig in die Kultur eintauchen zu können.

DU ERWEITERST DEINEN STUDIEN-
UND LERNHORIZONT

Das Fach Betriebswirtschaftslehre ist international und fußt auf anglo-amerikanischen Erkenntnissen. Gewisse Lehrbücher sind daher in verschiedenen Ländern Standardwerke. Die Erfahrung zeigt jedoch, dass das Fach im Ausland oftmals völlig anders unterrichtet wird als im heimischen Deutschland. Zu sehen, wie zum Beispiel Spanier Marketing verstehen, verbunden mit Praxisbeispielen aus dem spanischen Raum, erweitert Deinen Horizont und kann Dir auch für Dein Studium in Deutschland Inspiration verschaffen.

DU LERNST SELBSTSTÄNDIGKEIT, FLEXIBILITÄT
UND UNABHÄNGIGKEIT

Wo, wenn nicht beim Abenteuer Auslandssemester, lernst Du diese Fähigkeiten? Ein Auslandssemester ist schließlich die Reise in die große unbekannte Welt und damit vergleichbar mit der Unsicherheit des Studienstarts hoch zehn. Frank Sinatras New York, New York könnte auch für Auslandsstudenten gelten: »If I can make it there, I'll make it anywhere.« Wer die Hürde Ausland mit neuer Sprache, neuer Wohnung, neuen Freunden und neuer Lebensart genommen hat, den haut so schnell nichts mehr um.

Als Summe aus den oben genannten Gründen wird ein Auslandssemester immer ein großer Pluspunkt in Deinem Lebenslauf sein *(siehe dazu auch Kapitel 12 Bewerbung und Berufsperspektiven)*. Jedes noch so kleine Unternehmen träumt vom Erfolg in der großen weiten Welt und legt mittlerweile Wert auf Fremdsprachenkenntnisse und interkulturelles Verständnis. Die sogenannte interkulturelle Kompetenz erwirbt man nicht durch das Lesen von 28 Büchern, sondern durch hautnahe Erlebnisse im Ausland.

So sehr hier die Vorteile eines Auslandssemesters hervorgehoben werden, so sollten auch die **Nachteile** nicht unerwähnt bleiben:

Hohe Kosten

Ein Auslandsemester ist mit höheren Kosten als das Studium im Heimatland verbunden. Neben der klassischen Förderung gibt es aber eine Reihe von spezifischen Auslandsprogrammen, die die erhöhten Kosten abfedern.

Gegebenenfalls längere Studiendauer

Auch der Zeitverlust ist zu bedenken. An einigen Hochschulen in Deutschland können gewisse Prüfungen nicht angerechnet werden, so dass Du gegebenenfalls ein bis zwei Semester später fertig wirst als die Studenten, die sich an deutschen Hochschulen den Hintern platt gesessen haben, während Du die Welt erkundet hast. Wenn Dir die Verlängerung des Studiums ein Dorn im Auge ist, kannst Du jedoch bewusst Hochschulen auswählen, deren Prüfungen zu hundert Prozent angerechnet werden.

Hoher Organisationsaufwand

Ein Auslandssemester ist mit einem hohen Organisationsaufwand verbunden. Die meisten Einzelheiten musst Du selbst organisieren. Deshalb dreht sich der nächste Abschnitt um die Planung Deines Auslandsaufenthaltes und gibt Dir Tipps, um den Organisationsaufwand so gering wie möglich zu halten.

10.2
DIE PLANUNG

Die Vorstellung, ein Auslandssemester zu machen, begeistert viele Studenten. Oft suchen sie sich jedoch unüberlegt eine Hochschule aus, an der sie sich ohne große Vorbereitung bewerben. Dies ist meiner Meinung nach der falsche Weg. Aus eigener Erfahrung kann ich Dir nur raten, Dich mit einigen Fragen auseinanderzusetzen, bevor Du in die Detailplanung gehst. Deine Antworten auf diese Fragen werden Deine Suche entscheidend eingrenzen.

Wichtige Fragen vorweg:

WANN SOLLTEST DU MIT DER PLANUNG BEGINNEN?

Ich kann Dir nur empfehlen, Dich bereits zu Beginn Deines Studiums mit dem Thema Auslandssemester zu beschäftigen. Denn es kann sein, dass es Dich in ein Land zieht, dessen Sprache Du noch nicht beherrschst. Dann ist es ratsam, bereits ab dem ersten Semester Sprachkurse zu belegen. Mit der Detailplanung Deines Auslandssemesters solltest Du etwa ein bis anderthalb Jahre vor dem eigentlichen Start beginnen.

WELCHEN KULTURRAUM
WILLST DU KENNENLERNEN?

Welche Sprache willst Du erlernen oder ausbauen? Und welche Region und Sprache bringt mir auch für meine spätere Karriere etwas? Früher zog es viele Studenten ins englischsprachige Ausland. Eine Zeit lang waren Spanien, Italien und Frankreich sehr angesagt, inzwischen ist der asiatische Raum hip. Die Unterschiede der Kulturräume sind gravierend. Wählst Du ein Land im westlichen Kulturkreis, wirst Du feststellen, dass Du Dich schnell und gut zurechtfinden sowie zügig Teil der Kultur werden wirst. Fällt Deine Wahl auf ein Land der östlichen Hemisphäre, bleibst Du vermutlich die gesamte Zeit des Aufenthaltes ein Fremder. Das ist vielleicht nicht jedermanns Sache, doch kann es für Dich umso interessanter sein, weil Du in eine völlig andere Welt eintauchst und ganz neue Eindrücke mit nach Hause nimmst. Hast Du diese Kernfrage bzgl. des Kulturraumes für Dich beantwortet, solltest Du schleunigst Deine Sprachkenntnisse überprüfen.

WIE GUT SIND DEINE SPRACHKENNTNISSE?

¿Hablas español? Do you speak English? Wer bei diesen Fragen mit dem Kopf schütteln muss, für den könnte ein Auslandssemester in Spanien oder England schwierig werden. Sprachkompetenz ist dort eine Grundvoraussetzung. Erstens ist sie wichtig, damit Du Lehrveranstaltungen folgen und Dich zum behandelten Stoff äußern kannst. Zweitens ist sie notwendig, um Kontakte zu Einheimischen zu knüpfen. Weniger bedeutend sind die Sprachkenntnisse in asiatischen Ländern. Dort sind viele Vorlesungen auf Englisch,

Dein Kontakt beschränkt sich hauptsächlich auf Ausländer und das Erlernen dieser Sprachen ist ohnehin sehr schwierig. Dennoch solltest Du über ein sprachliches Grundgerüst verfügen. Auch wenn Du es während des Studiums nicht schaffen wirst, fließend Chinesisch zu sprechen, so solltest Du im Restaurant zumindest »请来一份酸辣鸡肉, 一瓶可乐« bestellen können.

Verzweifle aber nicht, wenn Du gern in ein anderssprachiges Land willst, diese Sprache aber nicht in der Schule gelernt hast. Ich selbst habe erst an der Hochschule mit Spanisch angefangen, während des Studiums einige Kurse belegt und einen Sprachkurs im Ausland eingelegt. In Madrid konnte ich mich aufgrund der an der Uni erworbenen Spanischkenntnisse ausreichend verständigen und hatte nach dem Auslandssemester ein sehr passables Spanischniveau erreicht.

WANN WILLST DU INS AUSLAND GEHEN?

Früher war diese Frage leicht zu beantworten. Die meisten BWL-Studenten gingen nach Abschluss des Vordiploms ins Ausland und konnten dann im Hauptstudium an der Hochschule durchstarten. Heutzutage ist das System nicht mehr so trennscharf. Mein Tipp ist, den Schritt ins Ausland nach erfolgreichem Bestehen aller Pflichtfächer zu wagen. Die erste Last ist von Deinen Schultern und Du kannst befreit ins Auslandssemester starten. Wenn Du definitiv noch ein Masterstudium nachlegen willst, dann ist der beste Zeitpunkt für ein Auslandssemester im Anschluss an Dein Bachelorstudium.

WILLST DU UNBEDINGT MIT FREUNDEN ZUSAMMEN INS AUSLAND?

Viele Studenten malen sich gern aus, wie sie mit der besten Freundin oder dem besten Freund Amerika entdecken, spanische Tapasbars besuchen oder durchs Pariser Nachtleben ziehen. Ich rate Dir jedoch eindringlich, das Abenteuer allein in Angriff zu nehmen. So verlockend die gemeinsame Zeit auch klingen mag, Sprache und Kultur lernst Du dann am besten kennen, wenn Du keinen deutschen Ansprechpartner und Freund hast.

WIE WICHTIG IST DIR DIE ANRECHNUNG VON STUDIENLEISTUNGEN?

Ein Auslandssemester ist vor allem eins: Lebenserfahrung. Wenn Du nebenbei noch Studienleistungen der Auslandshochschule in Deutschland angerechnet bekommst, umso besser. An einigen Hochschulen ist es einfacher, Leistungen angerechnet zu bekommen, an anderen schwieriger. Wenn Dir die fehlende Anrechnung und damit die Verlängerung Deines Studiums nichts ausmacht, weil Du es Dir finanziell und zeitlich erlauben kannst, such Dir Deine Wunschhochschule nach anderen Kriterien aus:

▶ **LAND UND STADT**

▶ **QUALITÄT DER HOCHSCHULE UND DER DORT ANGEBOTENEN KURSE**

Die Anrechnung von Studienleistungen sollte dann kein Kriterium bei der Wahl der Hochschule sein.

WAS SAGEN ANDERE STUDENTEN?

Die besten Tipps geben immer noch andere Studenten, die bereits ein Auslandssemester absolviert haben. Wie sind ihre Erfahrungen und welche Länder sind besonders empfehlenswert? Solltest Du eher nach Spanien gehen oder Bolivien entdecken? Muss es Oxford English sein oder tut es auch das Easy Living in Sydney? Und lernt man in China überhaupt Chinesisch?

KRITERIEN ZUR AUSWAHL DER HOCHSCHULE

Bei der Auswahl der richtigen Stadt und Hochschule solltest Du auf die Erfahrungen anderer Studenten hören, aber auch für Dich einige Kriterien ansetzen und diese bei der Auswahl immer im Hinterkopf haben:

Wie gut lernst Du in dieser Stadt wirklich die Sprache

?

Auf den ersten Blick sind attraktive Länder und große Städte immer die beste Wahl. Ein Auslandssemester lohnt sich aber vor allem dann, wenn Du so viel wie möglich mit der Landessprache in Kontakt kommst. Daher kann es sich anbieten, nach Hochschulen Ausschau zu halten, die nicht in den großen Städten liegen und von deutschen und internationalen Mitstudierenden überlaufen sind. Es mag durchaus von Vorteil sein, nach Genua, anstatt nach Mailand zu gehen. Genua macht sich bei Deinen unwissenden

Freunden zwar nicht so gut wie das Shoppingparadies Mailand, dafür kannst Du danach perfekt Italienisch, während Du im von Ausländern überlaufenen Mailand möglicherweise höchstens Dein Englisch verbesserst.

Auch solltest Du beachten, dass in einigen Städten/Gegenden mit starkem Akzent oder gar eine lokale Sprache gesprochen wird. Jeder Austauschstudent wird in Liverpool feststellen, dass der Akzent wenig mit Oxford English zu tun hat. Und wundere Dich auch nicht, wenn Du im Großraum Barcelona trotz guter Spanischkenntnisse auf der Straße wenig verstehst. Dort wird unter Einheimischen eher Katalanisch als Spanisch gesprochen.

Wie renommiert ist die Hochschule und welche Kurse kannst Du belegen

Es kann für Deine Karriere durchaus dienlich sein, wenn Du an einer renommierten Hochschule im Ausland eingeschrieben bist. Zum einen sind dort die Lehrinhalte besser, so dass Du spannende Kurse belegen und fundiertes Wissen mitnehmen kannst. Zum anderen machen sich renommierte Hochschulen wie Harvard oder Oxford gut im Lebenslauf.

Welche Studienleistungen und Sprachtests musst Du nachweisen

?

Einige Hochschulen erwarten Nachweise über Deine Sprachfähigkeiten, wie zum Beispiel das Diplôme d'Etudes en Langue Française (DELF) oder den TOEFL (Test of English as a Foreign Language). Eine weitere Voraussetzung neben der Fähigkeit, die Sprache des Landes zu beherrschen, können erreichte Studienleistungen sein. Welche Auflagen gelten, kannst Du beim Auslandsamt oder der Hochschule im Ausland selbst erfragen.

Welche Studienleistungen kannst Du Dir in Deutschland anrechnen lassen

?

Auch wenn Du im Ausland Kurse belegst und Prüfungen erfolgreich absolvierst, kann es sein, dass Du dennoch keine Creditpoints dafür erhältst, weil die Inhalte zu unterschiedlich sind. Deshalb solltest Du im Vorfeld Deine Kurse auswählen und mit Deiner Hochschule klären, ob diese Leistungen auch angerechnet werden. Der Lehrstuhl oder das Prüfungsamt sind hier die richtigen Ansprechpartner, die Dir auch bei der Frage weiterhelfen können, in welcher Form die Studienleistungen nachgewiesen werden müssen. Reicht der Schein oder musst Du gleich eine Kopie Deiner kinderleichten Marketingklausur mitbringen?

DIE UNTERSCHIEDLICHEN AUSTAUSCHPROGRAMME

Die Suche nach einer Hochschule für Dein Auslandssemester gestaltet sich einfacher als viele denken. Nahezu jede Hochschule hat heute Austauschprogramme mit anderen Hochschulen aus dem europäischen und nicht-europäischen Ausland. Diese Programme werden vom Akademischen Auslandsamt an Deiner Hochschule koordiniert, weshalb dieses Amt Deine erste Anlaufstelle sein sollte. Nutzt Du das Austauschprogramm der Hochschule, ersparst Du Dir Studiengebühren und viel Papierkram, denn die Programme folgen standardisierten Regeln.

Partnerhochschulen innerhalb des europäischen Hochschulraumes

Die meisten Kooperationen finden mit europäischen Hochschulen statt. Zumeist erfolgt der Austausch über das sogenannte Erasmus-Programm, einer europäischen Initiative zum Studienaustausch.[20]

Das Erasmus-Programm hat viele Vorteile:

▶ Es entfallen Studiengebühren, die teilweise mehrere Tausend Euro betragen können.

▶ Das Programm wird gefördert, so dass Du je nach Hochschule einen Zuschuss zwischen hundertfünfzig und dreihundert Euro erhältst.

---

20 Das Erasmus-Programm ist ein Programm der Europäischen Union. Benannt ist es nach Erasmus von Rotterdam, einem in seiner Zeit universal europäisch gebildeten Humanisten.

▶ Der Bewerbungs- und Vorbereitungsprozess ist standardisiert, was Dir einiges an Stress und Bürokratie erspart.

▶ Die Erasmus-Betreuer an Deiner Partnerhochschule helfen Dir in der Regel bei der Suche nach einem Zimmer für das Auslandssemester.

▶ Für die Anerkennung der Studienleistungen gibt es feste Standards.

▶ Für ein Erasmus-Studium musst Du Dich im Auslandsamt Deiner Hochschule bewerben. Neben gewissen Studienleistungen und Sprachkenntnissen sind die Voraussetzungen für eine Bewerbung ein Lebenslauf und ein Motivationsschreiben. Natürlich beeinflusst auch Deine Länderwahl die Chance auf einen Platz: Nach Osteuropa wollen nur wenige, westeuropäische Länder wie England, Frankreich und Spanien sind besonders begehrt.

Partnerhochschulen außerhalb des europäischen Bildungsraumes

Wer sein Auslandssemester in weiterer Ferne erleben möchte, der muss den europäischen Bildungsraum verlassen. Auch hier sollte für Dich das eigene Akademische Auslandsamt erste Anlaufstelle sein. Viele Hochschulen haben zusätzlich Kooperationen mit Hochschulen aus dem nicht-europäischen Ausland, was Dir die Organisation deutlich erleichtert. Deine Bewerbung richtest Du in der Regel zusammen mit dem Auslandsamt direkt an die Wunschhochschule.

Eigenständige Organisation

Sagt Dir keine der angebotenen Hochschulen zu oder hat keine Bewerbung Aussicht auf Erfolg, kannst Du Dich immer noch selbstständig an einer Hochschule bewerben. Ob man sich das zutraut, muss jeder selbst einschätzen. Es gibt jedoch Organisationen, die sich auf den Austausch mit bestimmten Ländern spezialisiert haben. Bei den Organisationen sind Beratung und Bewerbung kostenlos, das Auslandssemester aber ist meistens kostenpflichtig mit Kosten von bis zu mehreren Tausend Euro. Einige der bekanntesten Organisationen sind hier aufgeführt:

College Contact: **www.college-contact.com**

IEC: **www.ieconline.de**

Academic Embassy: **www.academic embassy.deaus landsstudium/auslandssemester**

iST Go Campus Programm speziell für die USA: **www.stipendien-usa.de**

DIE FINANZIERUNG

Ein Auslandssemester ist mit hohen Kosten verbunden. Die Kosten pro Monat können schnell höher sein als Deine Lebenshaltungskosten in Deutschland. Kostenblöcke gibt es gleich mehrere:

▶ **DEIN FLUG INS GASTLAND**

▶ **ZUSÄTZLICHE REISEKOSTEN IM LAND,** zum Beispiel zu den Sehenswürdigkeiten des Landes

▶ **TEILWEISE ERHÖHTE LEBENSHALTUNGSKOSTEN IM AUSLAND.** Diese variieren stark von Land zu Land: [21]

England	ca. € 900 pro Monat
Frankreich	ca. € 700 pro Monat
Spanien	ca. € 725 pro Monat
USA	ca. € 900 pro Monat
Australien	ca. € 825 pro Monat
China	ca. € 400 pro Monat

Zwei Webseiten möchte ich Dir ans Herz legen. Ein guter Link zur Suche nach den Preisniveaus in einzelnen Ländern ist **www.eardex.com**. Vom Preis für einen Big Mac bis zum Preis für die Schachtel Marlboro findest Du dort nützliche und unnütze Informationen. Auch ein Blick auf die Seite von ECA International lohnt sich: **www.eca-international.com**. Dort findest Du ein Ranking der teuersten Städte weltweit und bekommst ein Gefühl da-

---

21 Quellen: www.eardex.com (abgerufen 21. Februar 2013);
www.eardex-international.com (abgerufen 21. Februar 2013)

für, wie viel teurer ein Auslandssemester in Paris sein kann im Vergleich zur französischen Provinz. Teile der Studie kannst Du auf der Webseite runterladen und spannende Infos erfahren. Hättest Du gedacht, dass die Lebenshaltungskosten in Stavanger / Norwegen höher sind als in Paris oder London?

Hast Du die Kosten für Deinen Auslandsaufenthalt überschlagen, solltest Du bei der Gesamtaufstellung auf zwei nicht unerhebliche Positionen besonders achten:

1)Doppelte Miete: Bedenke bei Deiner Aufstellung der Kosten auch, dass Du gegebenenfalls doppelt Miete zahlen musst, weil Du Deine Studententraumwohnung mit Kuschelfaktor während des Auslandssemesters nicht aufgeben willst. Eine Untervermietung während Deines Auslandssemesters kann da eine gute Alternative sein.

2)Fehlender Nebenjob: Finanzierst Du Dein Studium in Deutschland durch Nebenjobs wie Kaffeekochen im Büro oder Kaffeetragen im Café musst Du zusätzlich berücksichtigen, dass diese Einnahmequelle während eines Auslandssemesters wegfällt.

Die Sorgen, dass aufgrund der hohen Kosten Dein Traum vom Auslandssemester zerplatzt, sind in vielen Fällen aber unbegründet. Es gibt schließlich eine Reihe von spezifischen Auslandsprogrammen, die Dir finanziell unter die Arme greifen.

Auslands-BAföG

Unabhängig vom normalen BAföG gibt es ein gesondertes Auslands-BAföG, das noch attraktiver ist. Die Bedingungen sind weniger scharf, die Fördersätze sogar höher. Ob Dir Auslands-BAföG zusteht, kannst Du am besten über den Rechner im Internet herausfinden: **www.bafoeg-rechner.de/FAQ/ausland.php**. Drei wichtige Dinge solltest Du beachten.

▶ Falls Du im Rahmen einer Hochschulkooperation ins Ausland gehst, beträgt die Mindestlänge des Auslandsaufenthalts zwölf Wochen, in anderen Fällen sogar ein Semester.

▶ Auslands-BAföG musst Du separat beantragen. Beziehst Du bereits Inlands-BAföG, kannst Du dieses nicht einfach mit ins Ausland nehmen, denn für das Auslands-BAföG sind spezielle kommunale Ämter zuständig.

▶ Die Antragstellung muss frühzeitig durchgeführt werden. Spätestens ein halbes Jahr vor der Abreise muss der Antrag gestellt werden.

Im Erfolgsfall kannst Du jubeln. Dann erhältst Du neben den normalen BAföG-Sätzen noch Zuschüsse für Studiengebühren und Reisekosten. Erhöhte Lebenshaltungskosten im Gastland werden nach einem Schlüssel zusätzlich mit extra Geld berücksichtigt. Umfassende Informationen zum Auslands-BAföG findest Du unter: **www.auslandsbafoeg.de**.

Stipendien

Schon im Finanzierungskapitel wurden die Stipendien angepriesen. Auch für Dein Auslandssemester gibt es zahlreiche Förderprogramme. Besonders aktiv ist der Deutsche Akademische Auslandsdienst (DAAD), der auf seiner Seite über zahlreiche Programme von Stiftungen oder Vereinen informiert: **www.daad.de**. Der DAAD hat eine eigene Stipendiensuche eingerichtet. Dort kannst Du nach Deinem Studiengang (Wirtschaftswissenschaften als Überbegriff für das BWL-Studium) und Zielland filtern und erhältst eine ausführliche Liste der Stipendienvorschläge. Allein für ein mögliches Auslandsstudium in England sind auf der Seite zehn Stipendienangebote aufgeführt. **www.auslandsstipendien.de**

! **Tipp:** Zum Schluss ein kleiner Tipp, um auch im Ausland zu sparen. Organisiere Dir den Internationalen Studentenausweis **ISIC.** Mit dieser kreditkartengroßen International Student Identity Card erhältst Du im Ausland zahlreiche Vergünstigungen, allein in London zum Beispiel an über zweihundert Stellen in der Stadt. Der Ausweis kostet zwölf Euro und gilt für ein Jahr. Den Ausweis kannst Du online beantragen oder Dir an Hunderten von Ausgabestellen in ganz Deutschland ausstellen lassen. Alle Informationen findest Du unter **www.isic.de**.

10.3
DIE FÜNF GOLDENEN REGELN FÜR DEIN AUSLANDSSEMESTER

Wenn Du den Bewerbungsprozess erfolgreich durchlaufen hast, kann das Abenteuer Auslandssemester beginnen. Da jedes Land und jede Hochschule völlig anders sind, ist es schwierig, Dir eine klare Marschroute mitzugeben. Es gibt jedoch **fünf grundlegende Verhaltensempfehlungen**, die Dir helfen, Dich an die neue Umgebung zu gewöhnen und schnellstmöglich integriert zu werden.

1) **Reise so früh wie möglich an:** Oft genug hörte ich von Studenten, dass sie erst kurz vor knapp zum Auslandssemester anreisten. Meistens wurde das damit begründet, dass wenn man schon so lange vom Freund oder der Freundin getrennt sei, die letzten Tage doch noch ausgekostet werden müssten.

Ich kann nur darauf hinweisen, dass es auf diese fünf Tage bei einer Abwesenheit von vier bis sechs Monaten auch nicht mehr ankommt. Dafür können fünf zusätzliche Tage in der neuen Stadt entscheidend sein. Wenn Du als einer der ersten Austauschstudenten in der Stadt bist, sind die wenigen WG- und Wohnheimsplätze noch nicht vergeben und Du hast ganz in Ruhe Zeit, die Stadt zu erkunden. Und dass ich die Teilnahme an einem Einführungskurs empfehle, der häufig für Austauschstudenten angeboten wird, versteht sich von selbst.

2) **Such Dir eine Studenten-WG:** Für Dein Auslandssemester kann ich Dir nur raten, in eine WG oder ins Wohnheim
zu ziehen, denn auf diese Weise knüpfst Du sofort Kontakte.
Das Nächstliegende ist das internationale Studentenwohn-
heim, zumal die Plätze oftmals von der Partnerhochschule vermittelt werden. Dort wohnen mehrere Nationen unter einem
Dach. Interkulturell ist diese Erfahrung super, weil Du nachher
weißt, wie Franzosen, Italiener oder Spanier feiern und ticken.
Allerdings bist Du im Wohnheim ständig von Leuten umgeben,
die die Landessprache meistens schlechter beherrschen als Du.
Folglich verbesserst Du in diesem Umfeld nur marginal Deine
Sprachkenntnisse, gewöhnst Dir dafür aber einen komischen
Akzent an.

Die beste Option ist deshalb eine WG mit Einheimischen.
Leider sind Wohngemeinschaften im Ausland nicht so verbrei-
tet wie bei uns, so dass Du bei der Suche etwas Glück brauchst.
Ich hatte selbiges und habe in Madrid mit einem Spanier zu-
sammengewohnt. Natürlich stand bei uns der Serrano-Schinken
in der Küche, natürlich wurde Siesta gehalten und auch sonst
bekam ich einen umfassenden Einblick in die spanischen Le-
bensgewohnheiten. Ich empfehle Dir, bei der Wohnungs-su-
che auch die Studenten zu fragen, die erst kürzlich in der gleichen Stadt studiert haben. Die besten Wohntipps kommen
immer noch von den Rückkehrern.

3) **Sei aufgeschlossen und nimm möglichst am normalen Leben teil:** Am Anfang wirst Du einen Kulturschock erleben. Dennoch solltest Du versuchen, so schnell wie möglich ins Leben des Austauschlandes einzutauchen und Deine deutschen Gepflogenheiten hinter Dir zu lassen, was am besten geht, wenn Du Dich wie die Einheimischen verhältst. Ess- und Trinkgewohnheiten gehören natürlich auch dazu, wobei Du Dir den russischen Wodkakonsum nicht zum Vorbild nehmen solltest, vor allem aber Sport und Kultur. Wenn Du mit englischen Studenten im Pub stehst oder mit Spaniern die Tapasbars unsicher machst, dann macht der Auslandsaufenthalt am meisten Spaß.

4) **Leg den Fokus auf das Erlernen der Sprache:** Wichtiger als tagelanges Pauken für die Klausuren ist das Erlernen der Sprache. Deshalb solltest Du versuchen, möglichst viel mit Einheimischen in Kontakt zu treten. Ich habe die Erfahrung gemacht, dass die Einheimischen sehr rücksichtsvoll sind und auch bei schlechteren Sprachkenntnissen bereitwillig zu allem und jedem Auskunft geben. Befolge deshalb konsequent das Sprichwort »Probieren geht über Studieren«. Einen guten Ratschlag meines Sprachlehrers möchte ich Dir außerdem noch mit auf den Weg geben. Er schlug vor, täglich die Nachrichten zu gucken und dazu die gleichsprachigen Untertitel einzuschalten. So konnte ich nachlesen, was gerade in den Nachrichten gesprochen wurde, verstand auf einmal gleich doppelt so viel und verbesserte spielerisch meinen Wortschatz.

5) **Geh regelmäßig zur Hochschule:** Wenn Du Kurse hast, versteht sich der tägliche Weg zur Hochschule von selbst. Aber auch wenn Du keine Kurse hast und Dir nichts anrechnen lassen kannst, fahr trotzdem zur Hochschule und nutze ein paar Stunden vor Ort, um Dir ganz entspannt ein paar Vorlesungen anzuhören und soziale Kontakte zu pflegen. Und beim Essen in der Mensa siehst Du dann, wie wichtig zum Beispiel die Spanier das Studieren nehmen, wenn schon mittags fleißig Bier getrunken wird.

Zusammenfassend lässt sich sagen, dass Du das Auslandssemester in erster Linie als Spaß sehen solltest und weniger als harte Studienzeit. Nur dann wirst Du ein Maximum an neuen Eindrücken mitnehmen können. Du wirst das Leben in Deutschland nach Deinem Auslandssemester auf jeden Fall anders wahrnehmen, als Du es bisher getan hast. Ich bin mir sicher, dass Du viele Dinge deutlich gelassener sehen wirst. Im Ausland kommt es einem oft so vor, dass die Uhrzeit nicht das zu sein scheint, was auf der Uhr steht. Wer in anderen Ländern auf Einheimische bis zu einer Stunde warten musste, wird sich danach über die unpünktliche Freundin zu Hause deutlich weniger aufregen. Und auch die deutsche Küche wirst Du stärker zu schätzen wissen. Unsere Gaumen haben sich so an das deutsche Essen gewöhnt, dass wir automatisch irgendwann nach deutscher Hausmannskost verlangen. Selbst die Halbvegetarier unter den Austauschstudenten riefen nach fünf Monaten nach Rouladen mit Rotkohl.

11
DIE PRAKTIKA

Praktika sind kein rein BWL-spezifisches Phänomen, doch in keinem anderen Studiengang werden sie so konsequent gefordert. Der Grund ist die mit Praktika einhergehende Praxiserfahrung. Unternehmen erwarten heute von BWL-Absolventen, dass sie möglichst ab Tag eins in das Tagesgeschäft einsteigen und sofort einen wertschaffenden Beitrag leisten können.

Dieses Kapitel ist ein klares Plädoyer für Praktika. Meiner Meinung nach sind Praktika ähnlich wichtig wie ein guter Studienabschluss. Mit der Zahl und Varianz Deiner Praktika solltest Du nicht geizen. Mehrere Praktika im Lebenslauf sprechen für ausführliche Praxis-erfahrung, die Varianz für unterschiedliche Eindrücke und Einflüsse. Aufgrund ihrer Bedeutung solltest Du deshalb mit Engagement und Bedacht Deine Praktika vorbereiten und durchführen.

In diesem Kapitel findest Du neben einem Abschnitt über die Planung Deiner Praktika auch eine Liste von Hinweisen, wie Du Dich während eines Praktikums verhalten solltest, um einen guten und hoffentlich bleibenden Eindruck zu hinterlassen.

11.1
DIE PLANUNG DES PRAKTIKUMS

Neben der Wahl Deiner Spezialisierungsfächer zeichnen auch Deine Praktika in gewisser Weise Deinen beruflichen Werdegang vor. Du sammelst während Deiner Praktika Wissen in ganz bestimmten Bereichen, so dass Du gerade für diese Bereiche im späteren Arbeitsleben interessant bist. Deine Praktikumswahl sollte deshalb wohl überlegt sein. Jedoch ist nicht nur das Wo wichtig, bei der Planung solltest Du Dich auch fragen, wann und für wie lange Du Dein Praktikum machen willst.

WIE VIELE PRAKTIKA SIND ZU EMPFEHLEN?

An der Mehrzahl in der Überschrift erkennst Du, dass Du definitiv mehr als nur ein Praktikum machen solltest. Du stehst als BWL-Absolvent im Wettbewerb mit anderen Studenten, die mehrheitlich zwei oder mehr Praktika absolvieren. Mit nur einem Praktikum kann es Dir passieren, dass Deine Bewerbung ganz schnell auf den berühmten Stapel der Aussortierten wandert. Beachte aber, dass Klasse immer noch vor Masse geht. Zwei exzellente Praktika mit interessanten Aufgaben und guten Zeugnissen können für Deinen Traumberuf also auch völlig ausreichend sein.

Selbst wenn Dir Dein erstes Praktikum gut gefällt, solltest Du andere Richtungen ausprobieren. Eine Bandbreite an Praktika bereichert Deine praktische Erfahrung und lässt Dich in verschiedene Bereiche reinschnuppern. Dabei kannst Du nicht nur zwischen verschiedenen Tätigkeitsbereichen, sondern auch unterschiedlichen

Branchen wählen. Einen beispielhaften Vergleich über die verschiedenen Kombinationen für Dein zweites Praktikum, wenn Du beispielsweise schon ein Marketingpraktikum bei Adidas absolviert hast, siehst du hier:

= + =	≠ + =
Marketing bei Puma	**Controlling bei Puma**
gleicher Tätigkeitsbereich, gleiche Branche	anderer Tätigkeitsbereich, gleiche Branche
= + ≠	≠ + ≠
Marketing bei RWE	**Controlling bei RWE**
gleicher Tätigkeitsbereich, andere Branche	anderer Tätigkeitsbereich, andere Branche

Ich empfehle Dir, Deine Praktika nicht ausschließlich im gleichen Tätigkeitsbereich und in der gleichen Branche zu machen. Weißt Du schon frühzeitig für welchen Bereich Dein Herz schlägt, solltest Du zumindest eine andere Branche kennenlernen. Das Sammeln neuer Eindrücke in einer anderen Branche kann später im Beruf Gold wert sein.

Auch verschiedene Unternehmensgrößen sind zu empfehlen. Du merkst schnell, ob Dir eher der Großkonzern oder das klein- und mittelständische Unternehmen liegt und damit, welche Unternehmensgröße Dein erster Arbeitgeber haben sollte. Die Dynamik eines kleineren Unternehmens kannst Du in einem Großkonzern selten erwarten. Dort mahlen aus meiner Erfahrung die Mühlen zwar kontinuierlicher, dafür aber deutlich langsamer.

WANN SOLLTEST DU EIN PRAKTIKUM MACHEN?

Auch wenn Unternehmen noch keine Wunderdinge von Dir erwarten, so solltest Du doch je nach Praktikumsart ausreichend vorbereitet sein.

Das erste Praktikum

Das erste Praktikum solltest Du erst dann machen, wenn Du bereits gewisse Grundkenntnisse der Betriebswirtschaftslehre erworben hast. Nach zwei bis drei vollen Semestern hast Du einen guten Überblick über das Fach BWL und kannst mit allen betriebswirtschaftlichen Grundbegriffen hantieren. Wenn Du bereits vor dem Studium oder nach dem ersten Semester ein Praktikum einlegst, ist das zwar gut gemeint, aber der Schuss könnte nach hinten losgehen. Zum einen wird Dein Arbeitgeber mäßig mit Dir zufrieden sein, weil Du mit Deinen Kenntnissen lediglich ein besserer Auszubildender bist. Zum anderen kommt dies auch bei Deinen Kommilitonen nicht sonderlich gut an. Wer schon im ersten Semester von »McKinsey in Singapur« oder »Goldman Sachs in New York« faselt, läuft Gefahr als Business-Kasper zu gelten und nicht auf Partys eingeladen zu werden. Die Planung für ein Praktikum kannst Du allerdings frühzeitig beginnen. In der Regel solltest Du sechs Monate vor Deinem gewünschten Praktikumsstart mit der Suche beginnen und Bewerbungen schreiben.

Vertiefende Praktika

Praktika, in denen Du ganz spezifische Themen bearbeitest und bei denen Du sehr tief in die Materie eintauchen musst, sind sehr zu empfehlen. Diese Art der Praktika solltest Du aber erst antreten, wenn Du Dir während Deiner Spezialisierungsphase Spezialwissen angeeignet hast. Meist hast Du diesen Status erst nach dem vierten Semester erreicht. Wenn Du Dich zum Beispiel für ein Praktikum bei einer Wirtschaftsprüfung entscheidest und während des Praktikums Prüfungsteams begleitet, solltest Du zumindest wissen, was IFRS, also die International Financial Reporting Standards, sind.

Das Auslandspraktikum

Für ein Auslandspraktikum gelten besondere Regeln. Konversationen vor Ort, sei es mit dem Chef oder den Kollegen, werden meistens ausschließlich in der Landessprache geführt, weshalb die Unternehmen großen Wert auf fließende Sprachkenntnisse legen. Während meines Praktikums in Mexiko durfte ich die eingehenden Bewerbungen durchschauen, um einen möglichen Nachfolger auszuwählen. Fast alle Bewerber konnten angeblich ein sehr gutes Spanischniveau vorweisen. Als ich diese aber anrief und auf Spanisch das Interview startete, verstanden mich fünfzig Prozent überhaupt nicht und 45 Prozent antworteten auf jede Frage mit »Sí«.

Der beste Zeitpunkt für ein Auslandspraktikum ist deshalb im Anschluss an Dein Auslandssemester. Du hast sehr gute Sprachkenntnisse, kennst Kultur und Leute und musst dann oft nicht mal separat anreisen, falls Du bereits im Land wohnst.

WO UND WIE LANGE SOLLTEST DU
DAS PRAKTIKUM MACHEN?

Nach der Klärung des Zeitpunktes stellt sich die Frage, in welchem Bereich und Unternehmen Du Dein Praktikum bestreiten möchtest und wie lange dieses dauern sollte.

Die Auswahl des Tätigkeitsbereichs

Vor der Auswahl des Unternehmens sollte für Dich die Frage stehen, in welchem Bereich Du gern Dein Praktikum machen würdest. Praktika werden in allen Disziplinen der Betriebswirtschaftslehre angeboten. Dein Praktikum solltest Du nicht nur danach auswählen, welcher Bereich Dich am meisten interessiert. Du solltest Dich auch fragen, in welchen Fächern Dir das Lernen und Verstehen der Zusammenhänge leichtfällt. Wenn Du den Bereich Banking interessant findest, aber das Errechnen einfacher Zinsmodelle Dir Kopfschmerzen bereitet, ist ein Praktikum bei der Bank vielleicht nicht das Richtige. Auch schwärmen viele Studenten vom Marketingbereich, sind aber weder sonderlich kreativ noch kontaktfreudig. Mit diesen beiden Eigenschaften dürfte es schwer werden, später die große Marketingkarriere einzuschlagen. Du solltest Dich deshalb fragen, wo Deine wahren Stärken und Interessen liegen und danach das Tätigkeitsfeld des Praktikums auswählen.

Die Auswahl des Praktikumsunternehmens

Dein Praktikum erfüllt in erster Linie den Zweck, Praxiserfahrung zu sammeln und das theoretisch erworbene Wissen anzuwenden. Darüber hinaus soll es sich aber vor allem auf Deinem Lebenslauf gut machen, damit Du bei späteren Bewerbungen auf Deine hervorragende Ausbildung verweisen kannst. Aus diesem Grund solltest Du zumindest einen Teil Deiner Praktika bei Unternehmen machen, die deutschlandweit bekannt sind. Wenn man ein spannendes Praktikum bei der Kreissparkasse Eisenhüttenstadt gemacht hat, wird dies leider immer geringer wertgeschätzt als ein noch so langweiliges Praktikum bei der Zentrale der Deutschen Bank in Frankfurt. Dies gilt für alle Branchen und so spannend Deine Zeit bei online-frisoer.de auch sein mag, ein großer Name wie Google sticht im Lebenslauf jedes kleine Internetunternehmen aus.

Du musst schließlich bedenken, dass Deine zukünftigen Bewerbungen für andere Praktika oder spätere Jobs von den Personalabteilungen vorsortiert werden. Diese haben in den einzelnen Disziplinen selten Spezialwissen, weshalb sie auf große und renommierte Namen setzen.

Trotzdem will ich ein Praktikum bei einem kleineren, unbekannten Unternehmen nicht verteufeln. In zahlreichen Gesprächen mit aktuellen und ehemaligen BWL-Studenten zeigte sich, dass gerade kleinere Unternehmen die spannenderen Projekte während eines Praktikums anbieten. Große Konzerne bieten häufig sehr eingeschränkte Tätigkeitsbereiche im Praktikum an, während Du in kleineren Unternehmen mehr Verantwortung und tiefere Einblicke in alle Geschäftsprozesse bekommst, so dass die Lerneffekte sehr hoch sind. Beachte aber, dass kleinere Unternehmen oft nicht so ausgereifte Praktikantenprogramme haben und deshalb die Vorbereitung und Betreuung oftmals etwas laienhaft ist.

Um die Qualität der Betreuung zu überprüfen, solltest Du – und dieser Hinweis gilt für kleine wie für große Unternehmen – während des Vorstellungsgesprächs zwei wichtige Aspekte klären:

1) Gibt es einen Betreuer oder Ansprechpartner, der Dich Dein ganzes Praktikum über begleitet?

2) Stehen die konkreten Projekte schon fest, die Du betreuen sollst?

Die Dauer des Praktikums

In der heutigen Studienform des Bachelors sind Praktika schwierig unterzubringen. Zwischen den einzelnen Semestern bleiben Dir oft nur vier bis sechs Wochen Zeit. Unternehmen haben sich zwar inzwischen auf diese Situation eingestellt und bieten Kurzpraktika an, bevorzugen aber weiterhin Studenten, die für die Mindestlänge von drei Monaten im Unternehmen mitarbeiten.

Ich kann Dir nur raten, mindestens ein möglichst langes Praktikum von drei bis sechs Monaten einzulegen. Zwar musst Du unter Umständen ein Semester aussetzen, was Deine Studienzeit verlängert, dennoch überwiegen die Vorteile eines langen Praktikums deutlich:

▶ **Du erhältst größere Projekte!** Unternehmen scheuen es, Projekte von einem Mitarbeiter an den nächsten zu übergeben. Aus diesem Grund wirst Du bei einem kurzen Praktikum nur ein sehr kleines Projekt erhalten, dass Du in der vier- oder sechswöchigen Zeit Deines Praktikums bearbeiten kannst.

Arbeitest Du für sechs Monate in einer Abteilung mit, erhältst Du zumeist größere Projekte, die Du von Anfang bis Ende begleiten kannst.

▶ **Du baust ein größeres Netzwerk auf!** Der Aufbau eines Netzwerkes – das klang bereits mehrfach an – ist für Dich als BWLer von großer Bedeutung. Diese Kontakte können Dir bei künftigen Aufgaben sehr hilfreich sein. Durch ein längeres Praktikum arbeitest Du länger und intensiver mit Deinen Ansprechpartnern zusammen. Auch wirst Du vermutlich mit mehr Leuten in Kontakt treten als während eines kurzen Praktikums. Diese Kontakte können für zukünftige Bewerbungen bei dem Unternehmen, aber auch als Ratgeber für die weitere Karriere sehr nützlich sein.

▶ **Du kannst besser zeigen, was in Dir steckt!** Größere Projekte sind fast immer auch mit einem größeren Aufgabenspektrum verbunden. Durch die Größe der Aufgabe kommen Deine Stärken, aber auch Deine Schwächen eher zum Vorschein. Darüber hinaus zeigt sich das wahre Potenzial vieler Praktikanten erst nach einigen Wochen der Eingewöhnungsphase.

All diese Faktoren führen dazu, dass Deine Chancen auf einen Berufseinstieg steigen, je länger Du bei diesem Unternehmen ein Praktikum machst. Das Unternehmen weiß, was es an Dir hat, so dass Deine Anstellung ein geringes Risiko im Vergleich zu einem unbekannten Bewerber darstellt. Diesen Faktor solltest Du nicht unterschätzen. Zudem steigen Absolventen, die ein längeres Praktikum in einem Unternehmen absolviert haben, oft schon in der zweiten (Gehalts-)Stufe ein, da sie die erste Hürde bereits während des Praktikums genommen haben.

Alternative: Werkstudent

Ist das Zeitfenster zu kurz, kann eine Werkstudententätigkeit eine Alternative zum Praktikum sein. In diesem Fall arbeitest Du während Deines Studiums ein- bis zweimal in der Woche in einem Unternehmen in der Nähe. Werkstudentenjobs sind ebenso wie Praktika auf den Internetseiten der Unternehmen und großen Jobportale ausgeschrieben. Sie sind adäquat vergütet und geben Dir die Möglichkeit, Woche für Woche Einblick in die Praxis zu erhalten und Berufserfahrung zu sammeln.

Beachte aber, dass die Werkstudententätigkeit zwei Nachteile gegenüber dem Praktikum hat. Erstens raubt Dir das ständige Arbeiten viel Studienzeit und schränkt Dein Studentenleben während des Semesters entscheidend ein, während Du ein Praktikum für einen begrenzten Zeitraum außerhalb der Studienzeit absolvierst. Zweitens ist ein Praktikum in den Personalabteilungen immer noch höher angesehen als eine Werkstudententätigkeit, da das Praktikum als fordernder empfunden wird. Werkstudenten hängt immer noch der Ruf nach, lediglich Kopier- und Kaffeekoch-Aufgaben zu übernehmen.

WIE FINDEST DU PRAKTIKUMSPLÄTZE?

Die Suche nach Praktikumsplätzen ist heute deutlich einfacher als noch vor einigen Jahren. Zum einen ist die Anzahl der angebotenen Praktika stark gestiegen. Zum anderen erleichtern es Dir zahlreiche Praktikumsportale im Internet, das perfekte Praktikum zu finden.

Oftmals scheint das wichtigste Kriterium bei der Suche das Geld zu sein. Tatsächlich gibt es bezüglich der Bezahlung von BWL-Praktika große Unterschiede. Einige Praktika – ob in einem kleineren Unternehmen oder im Großkonzern – sind unbezahlt. Für ein Praktikum in einer Unternehmensberatung kannst Du dagegen schon mal bis zu tausendfünfhundert Euro pro Monat erhalten. Die Bezahlung Deines Praktikums sollte aber absolut zweitrangig sein. Aufgabenfelder und Lernmöglichkeiten sind die Kriterien, die Dich bei der Auswahl Deines Praktikums leiten sollten. Wenn dann nebenbei auch noch ein ordentliches Praktikumsgehalt gezahlt wird, hast Du einen Volltreffer gelandet. Doch wie findest Du das passende Praktikum? Bei der Suche nach einem Praktikum gibt es verschiedene Ansatzpunkte:

Praktikumsportale

Im Internet finden sich heute Hunderte von Praktikumsportalen, die jedoch unterschiedlich groß und gut sind. Im Folgenden habe ich eine Auswahl an Portalen zusammengestellt. Suchst Du nach Praktika, sollten diese Seiten für Dich zur Pflichtlektüre gehören:

Monster: **www.monster.de**
Stepstone: **www.stepstone.de**

Praktikum.info: **www.praktikum.info**
Unicum: **karriere.unicum.de/praktikum**
BIG RED Online: **www.bigredonline.de**
Praktikum.de: **www.praktikum.de**

Bist Du auf der Suche nach einem Auslandspraktikum bieten sich zusätzlich zu den oben genannten Portalen einige Spezialseiten an:

www.myaiesec.net/auslandspraktikum
www.internships.com
www.praktikumsanzeigen.info

Internetseiten der Unternehmen

Wenn Du bereits konkrete Vorstellungen hinsichtlich des Unternehmens hast, sollte Dein erster Weg auf dessen Webseite führen. Nahezu jedes Unternehmen stellt seine Praktikumsgesuche in den Karriereteil seiner Internetseite. Bewerbungen auf diese Stellen sind meist vielversprechender als Bewerbungen auf Praktikumsangebote der großen Internetportale. Vielfach werden die Praktikumsstellen nur auf den Seiten des Unternehmens und nicht über Praktikumsportale angekündigt. Die Zahl der Bewerber ist deshalb deutlich niedriger und Deine Chancen auf die Einladung zu einem Vorstellungsgespräch wesentlich höher.

Initiativbewerbungen

Ist ein Unternehmen für Dich hochinteressant, aber es sind aktuell keine Stellen ausgeschrieben, kann auch eine Initiativbewerbung zum Erfolg führen. Es ist nicht selten, dass Stellen bereits frei sind oder sehr zeitnah frei werden, aber die Ausschreibung noch nicht veröffentlicht wurde. Dann ist eine Initiativbewerbung Deine Chance, der Konkurrenz einen Schritt voraus zu sein. Bevor Du jedoch eine Initiativbewerbung verschickst, forsche genau nach, ob nicht doch eine derartige Stelle ausgeschrieben ist. Denn in diesem Fall würdest Du Dich mit Deiner Initiativbewerbung disqualifizieren und Deine Chance vertun.

Aktuelle oder ehemalige Praktikanten oder Mitarbeiter empfehlen Dich

Durch das Studium knüpfst Du zahlreiche Kontakte zu anderen Studierenden, sei es aus Deinem oder anderen Semestern. Sehr häufig werden Praktikanten gefragt, ob sie andere Studenten empfehlen können. Dann sollte möglichst Dein Name fallen. Einige Firmen zahlen heutzutage sogar Prämien, wenn Mitarbeiter Freunde oder Bekannte empfehlen. Je mehr Kontakte Du hast, desto eher wirst Du erfahren, dass interessante Stellen frei sind oder werden. Nun zahlt es sich aus, dass Du im Studium ein Netzwerk unter Deinen Kommilitonen aufgebaut hast. Sollten Deine Ex-Kommilitonen nicht selbst auf Dich zukommen, sei aktiv und sprich sie an. Hör Dich regelmäßig bei ihnen um, welche Praktika sie absolvieren oder absolviert haben, wie es ihnen gefallen hat und ob für die Zukunft weitere Praktikanten gesucht werden. Die schlimmste Antwort, die Du auf ein »Markus, Du arbeitest doch bei Siemens im Controlling, ist bei Euch aktuell eine Stelle zu besetzen?« ernten kannst, ist ein Nein.

Eltern oder Bekannte lassen ihre Kontakte spielen

Dieses sogenannte Vitamin B (für Beziehung) ist schwer verpönt und wird dennoch auch heute noch häufig eingesetzt. Auch in meiner Arbeitskarriere gab es Praktikanten, die uns vom Vorstand aufs Auge gedrückt wurden. Normalerweise würde keine Personalabteilung eine Bewerberin nehmen, die sich mit der E-Mail-Adresse coco.chanel92@gmx.de bewirbt. Wenn aber der Vorstand anruft und sagt, man möge ihm einen Gefallen tun und diese Bewerberin für drei Monate aufnehmen, dann sind selbst der konsequentesten Personalleiterin die Hände gebunden. Hier gilt also: Wenn Deine Familie oder Freunde Kontakte zu interessanten Unternehmen haben, dann nutze sie! Im besten Fall landet Deine Bewerbung ganz oben auf dem Stapel der Personalabteilung. Aber selbst wenn Dein Vitamin–B-Kontakt Deine Bewerbung nicht forcieren kann, so kann Dir die- oder derjenige wertvolle Tipps zum Unternehmen geben. Was gehört in jede Bewerbung? Was ist ihnen im Gespräch wichtig? Welche gemeinen Fangfragen werden immer wieder gestellt?

Aushänge an der Hochschule und Kontakte Deiner Lehrstühle

Inzwischen haben auch die Hochschulen erkannt, dass Praktika ein wichtiger Bestandteil in der Ausbildung eines BWLers sind. Sie haben deshalb Praktika nicht nur in ihre Zusatzprogramme aufgenommen, sondern auch vielfach Partnerschaften mit lokalen Unternehmen geschlossen. Diese werben an der Hochschule um Praktikanten. Auch hier ist die Zahl der Konkurrenten meist gering, weil diese Unternehmen bewusst Studenten Deiner Hochschule suchen und Du Dich deshalb nur gegen Deine Kommilitonen durchsetzen musst. Vorteilhaft sind auch die Rahmenbedingungen, denn Du ersparst Dir aufgrund der Nähe der Firma zu Deinem aktuellen Wohnort einen Umzug für das Praktikum.

Tipp: Langfristig betrachtet können gerade Praktika in Deiner näheren Umgebung für Dich sehr interessant sein, falls Du auf weitere Einnahmequellen angewiesen bist. Leistest Du während des Praktikums gute Arbeit, kann es durchaus sein, dass Dir ein Werkstudentenanschlussvertrag angeboten wird. Du arbeitest dann einige Stunden in der Woche in der Firma für einen meist ordentlichen Stundensatz, sammelst Praxiserfahrung und knüpfst weitere Kontakte.

11.2
DER BEWERBUNGSPROZESS

Bei der Bewerbung und dem Vorstellungsgespräch kannst Du vieles falsch, aber ebenso viel richtig machen. Zum Thema Bewerbung gibt es unzählige Bücher auf dem Markt, weshalb dieses Buch nicht den Anspruch hat, ein neuer Bewerbungsführer zu sein. Es ist sinnvoller, sich durch ein bis zwei Bücher zu arbeiten, und sich mit den dort genannten Ratschlägen durch den Bewerbungsprozess zu hangeln. Als gute Bücher zum Thema Bewerbung möchte ich Dir zwei Werke ans Herz legen:

Püttjer, Christian und Schnierda, Uwe: **Das große Bewerbungshandbuch.** Frankfurt, Campus Verlag, 2012.

Zuchowski, Elke: **Überzeugen Sie. Jetzt!** Frankfurt, Campus Verlag, 2011.

Darüber hinaus will ich Dir aber noch einige Ratschläge mit auf den Weg geben, die Deinen Bewerbungsprozess hoffentlich entscheidend bereichern werden. Sorgen bezüglich der möglichen Härte eines Vorstellungsgesprächs für ein Praktikum sind unbegründet. Diese finden meist in einer entspannteren Atmosphäre als klassische Vorstellungsgespräche statt und sind weniger fordernd.

Auf wie viele Stellen solltest Du Dich bewerben

Hast Du mehrere interessante Praktikumsstellen gefunden, nutze die Gelegenheit, um möglichst viele Bewerbungen zu versenden. Nicht jede Bewerbung wird zu einem Gespräch führen, weshalb eine Vielzahl an Bewerbungen Deine Erfolgschancen erhöht. Wirst Du zu mehreren Gesprächen eingeladen, nimm alle Termin wahr, denn Routine im Bewerbungsgespräch ist nicht zu unterschätzen.

Wo solltest Du Dich nicht bewerben

Es wird immer wieder Stellen geben, die sich fantastisch anhören, aber nicht hundertprozentig zu Deinem Profil passen. Hier gilt es, die Stellenanzeigen genau zu lesen. Bewirb Dich nicht auf Stellen, in denen ein Studienabschluss oder gar Berufserfahrung gefordert ist. Hier hast Du als Student keine Chance. Sind allerdings Kenntnisse einer zweiten Fremdsprache wünschenswert, Du beherrschst aber nur Englisch, sollte Dich dies nicht abschrecken. Wünschenswert heißt in diesem Falle nicht verpflichtend. Eine gute Bewerbung umschifft die fehlenden Anforderungen geschickt.

Die Bewerbungsunterlagen

Von BWLern wird erwartet, dass Bewerbung und Auftreten einander entsprechen. Kleinere Fehler werden Ingenieuren eher verziehen als einem BWLer, der gemeinhin viel Wert auf Ansehen und Form legt. Die Qualität der Bewerbungen ist deshalb sehr hoch.

Damit Du dieses Niveau ebenfalls erreichst, solltest Du die Standardliteratur zu Bewerbungen wälzen und die dort genannten Tipps befolgen. Außerdem möchte ich Dir noch vier Ratschläge mitgeben, die gerade für BWL-Bewerbungsunterlagen sinnvoll sind und die so in den wenigsten Büchern zu finden sind:

1) Gib Deine Handynummer an: Von Dir als BWL-Absolvent wird Erreichbarkeit erwartet. Gib deshalb Deine Mobilfunknummer an und vertraue nicht auf die Festnetznummer, wenn Du ohnehin nur 0,32 Prozent Deiner Zeit zu Hause bist. Heutzutage greifen die Personaler gern mal zum Hörer, um ein erstes Sondierungsgespräch zu führen oder Dich zum Gespräch einzuladen.

2) **Richte Dir ein XING-Profil ein**: Dieses soziale Netzwerk (**www.xing.com**) ist der Facebook-Verschnitt für Geschäftsleute. Auf dieser Plattform kannst Du Dich selbst über Dein Profil präsentieren und mit anderen Nutzern in Kontakt treten. Viele Unternehmen nutzen diese Plattform zur Recherche. Ich rate Dir deshalb, dort ein Profil einzurichten. So präsentierst Du Dich professionell und setzt einen seriösen Ankerpunkt im Internet. Handelt es sich um eine internationale Bewerbung, solltest Du das internationale Pendant LinkedIn wählen: **www.linkedin.com**.

3) **Nutze Bewertungsportale:** Viele Bewerber schreiben in ihren Anschreiben sehr allgemeine Sätze, die wenig Bezug zum Unternehmen haben. Ich empfehle Dir, die Unternehmensbewertungsportale im Internet anzuschauen und dort genannte positive Aspekte aufzugreifen. Die bekanntesten Portale sind:

www.kununu.de
www.top100.de
www.jobvote.com

Wenn Du zum Beispiel schreibst, dass Du Dich auf der Kununu-Seite mit dem Unternehmen beschäftigt hast und Dir die Weiterbildungsprogramme positiv aufgefallen sind, beweist Du, dass Du Dich wirklich umfassend mit dem Unternehmen auseinandergesetzt hast. Ganz nebenbei sind die Seiten sinnvoll, um Dich umfassend über das Unternehmen und seine Vor- und Nachteile schlau zu machen.

4) **Wähle unkonventionelle Beispiele:** Selten lesen Personaler Sätze, die aus der Masse der Einheitsbewerbungen herausstechen. Ich habe damals bei Bewerbungen immer angeführt, dass ich teamfähig bin, weil ich eine mexikanische Neuner-WG ohne Kratzer überstanden habe. Dies wurde in mehreren Gesprächen als positives Bewerbungsdetail gelobt. Der Grat zwischen Erfolg und Misserfolg ist hier aber schmal. Differenziere deshalb, wo Du Dich bewirbst und um welche Besonderheit es sich handelt. Ich wage zu bezweifeln, dass eine Bank das Hobby Fallschirmspringen in Afghanistan zum Anlass nimmt, Dich einzuladen.

Tipp: Wenn es wider Erwarten nicht mit einer Einladung geklappt hat, erkundige Dich nach den Gründen hierfür. Viele Unternehmen geben sich bei diesem Thema zwar schmallippig, aber zwischen den Zeilen kannst Du immer herausfinden, woran es gelegen hat. Hast Du entscheidende Fehler gemacht, kann Dir dies für die nächsten Bewerbungen eine Lehre sein. Vielleicht aber stärkt es auch Dein angeknacktes Selbstvertrauen, wenn Du erfährst, dass Du die Nummer zwei auf der Liste warst und Dir lediglich ein Harvard-Absolvent mit sechs Praktika und vier Auslandssemestern die Stelle vor der Nase weggeschnappt hat.

Das Bewerbungsgespräch

Heutzutage gibt es verschiedene Formen des Praktikumsbewerbungsgesprächs. Einige Unternehmen starten vorab Telefoninterviews. In den meisten Fällen herrscht jedoch noch das klassische

Bewerbungsgespräch vor. Egal auf welche Art der Auswahl Du triffst, Du solltest Dich detailliert vorbereiten. Dies gilt zwar unabhängig vom Studienfach, vor allem aber für den BWLer. Personaler haben mir bestätigt, dass gerade im BWL-Vorstellungsgespräch gern Aspekte wie die Unternehmensentwicklung und -strategie zum Tragen kommen. Gute Hinweise liefern dazu die Webseiten der Unternehmen, aber auch Presseartikel und Magazinausschnitte, die Du schnell im Internet finden kannst.

Bei den Gesprächen selbst kann ich Dir aus eigener Erfahrung sagen, dass neben einer guten Vorbereitung vor allem folgender Eindruck wichtig ist, den Bill Clinton mal von Barack Obama hatte: »Nach außen wirkt er kühl, im Inneren brennt er für die Aufgabe.« Du darfst nicht überheblich wirken, aber das Unternehmen muss merken, dass Du sehr an dem Job interessiert bist. Wenn dies rüberkommt, bist Du schon in der engeren Auswahl.

11.3
DIE ZWÖLF GOLDENEN REGELN WÄHREND DEINES PRAKTIKUMS

Nachdem Du einen Praktikumsplatz ergattert hast, gilt es nun, das Praktikum erfolgreich zu absolvieren. Hier sind sowohl die Vorbereitung als auch das Verhalten während des Praktikums ganz entscheidende Faktoren. Hast Du Deinen Praktikumsplatz über Kontakte bekommen oder kennst bereits Personen im

Unternehmen, solltest Du Dich vorher mit diesen Personen zusammensetzen, um Tipps für Dein Praktikum einzuholen. Fragen für dieses Gespräch wären zum Beispiel:

- Was für ein Typ ist Dein direkter Ansprechpartner?
- Wie ist die Atmosphäre in der Abteilung?
- Auf welche Eigenschaften wird besonders Wert gelegt?
- Was sollte man unbedingt machen, was aber auch unbedingt vermeiden?

Falls Du niemanden im Unternehmen kennst, ist die Vorbereitung schwieriger. Jedes Unternehmen ist anders und jedes Praktikum ist unterschiedlich. Dennoch gibt es einige Grundregeln, die Dir helfen, aus Deinem Praktikum das Maximum herauszuholen. Die folgenden zwölf goldenen Regeln gelten für jedes Praktikum, egal wie lange, in welchem Unternehmen oder in welcher Abteilung Du das Praktikum absolvierst.

1) **Sei pünktlich, höflich und befolge Anweisungen:** Pünktlichkeit versteht sich von selbst, Höflichkeit und eine gewisse Art von Gehorsam gehören ebenfalls dazu. Nicht alle Aufgaben, die Dir aufgetragen werden, erscheinen sinnvoll. Dennoch solltest Du nicht alles hinterfragen, sondern die Aufgaben einfach ausführen. Meistens hat sich Dein Praktikumsbetreuer schon etwas dabei gedacht.

2) **Geh aktiv auf die Leute zu und stell Dich kurz vor:** In einigen Unternehmen wird es am ersten Tag versäumt, vor versammelter Mannschaft eine Vorstellungsrunde zu machen. Ist dies bei Deinem Praktikum auch der Fall, dann geh selbst aktiv auf die Kollegen in der Abteilung zu und stell Dich kurz vor. Die Betonung liegt hier auf kurz. Zwei Sätze mit Name und Länge des Praktikums reichen völlig aus. Lebenskrisen, ungewöhnliche Hobbys und ausgefallene Haustiere interessieren zu diesem Zeitpunkt niemanden.

3) **Schreib Dir alle Namen und Begriffe auf:** In den ersten Tagen wirst Du fünfzig neue Namen hören und mit 35 firmeninternen Fachbegriffen befeuert. Versuche erst gar nicht, Dir diese zu merken, das wirst Du ohnehin nicht schaffen. Schreib Dir eher die Namen und Begriffe auf und mach Dir bei Bedarf einen Sitzplan des Büros. Du wirst Dich wundern, welch positive Reaktion es hervorruft, wenn Du Frau Kasupke am zweiten Tag mit Namen ansprichst.

4) **Tu nicht so, als ob Du die Weisheit mit Löffeln gefressen hättest:** Heutzutage denken Studenten oft, Sie müssten sich von Anfang an profilieren, um im harten Wettbewerb zu bestehen. Ich kenne die Geschichte einer Praktikantin in einer Wirtschaftsprüfung, die sich am ersten Tag lediglich in den Bilanzierungsbericht einlesen sollte, stattdessen nach zwanzig Minuten beim Leiter Finanzen des geprüften Unternehmens stand und mitteilte, dass im letzten Jahr die Prüfung falsch abgelaufen sei. Derartige Vorstöße kommen bei

Unternehmen gar nicht gut an. Dass der erste Praktikumstag gleichzeitig auch ihr letzter war, versteht sich von selbst. Du bist im Praktikum der Neuling und stößt zu einem Unternehmen mit bewährten Abläufen und Prozessen. Halte Dich deshalb gerade zu Anfang Deines Praktikums mit guten Ratschlägen zurück und beobachte lieber.

5) **Frag gezielt und dosiert nach:** Auch wenn Du Dich mit Ratschlägen zurückhalten sollst, Fragen sind nicht nur erlaubt, sondern explizit erwünscht. Du hast nur theoretisches Wissen und kannst Abläufe und Hintergründe gar nicht kennen. Jeder Praktikumsbetreuer erwartet deshalb regelrecht Fragen und freut sich darauf. Frag jedoch nicht alle zwei Minuten nach, sondern arbeite Dich lieber einige Minuten in das Thema ein und sammle Deine Fragen. Dieses Sammelsurium zeigt, dass Du wissbegierig bist und Interesse an dem Thema zu haben scheinst, und gibt Deinem Betreuer gleichzeitig die Möglichkeit zu zeigen, was er alles weiß.

6) **Beachte, dass Gründlichkeit der Schnelligkeit vorgezogen wird**: Erledige das, was Dir aufgetragen wird, gründlich. Aus eigener Erfahrung – sowohl als Praktikant als auch als Praktikumsbetreuer – kann ich sagen, dass Gründlichkeit immer mehr geschätzt wird als Geschwindigkeit. Natürlich solltest Du für eine kurze E-Mail an einen Lieferanten keine fünf Stunden brauchen, die in drei Minuten erledigte Mail mit sieben Rechtschreibfehlern kommt aber noch schlechter an.

7) **Melde Dich, wenn Du zu wenig zu tun hast:** In jedem Praktikum gibt es Momente, in denen Du nichts zu tun haben wirst. Ist dies bei Dir der Fall, melde Dich lieber, bevor Du die ganze Zeit im Internet surfst und YouTube-Videos herumschickst. Frag höflich, aber bestimmt, ob noch Aufgaben zu erledigen sind, bei denen Du unterstützen könntest. Sag aber nicht, dass Du nichts zu tun hättest, teile lediglich mit, dass Du alle Deine Aufgaben erledigt hast. Die unterschiedlichen Betonungen mögen eine Feinheit sein, machen aber einen großen Unterschied in der Wahrnehmung aus. Wenn Du nach neuen Aufgaben fragst, solltest Du darauf achten, dass Du Dich im Umkehrschluss nicht mit neuer Arbeit überhäufst, die Du dann nicht mehr ordentlich erledigen kannst.

8) **Pflege einen guten Kontakt zu den Kollegen:** Während Deines Praktikums arbeitest Du mit vielen Personen zusammen. Es ist ratsam, zu allen – vom direkten Chef bis zur Sekretärin – ein gutes Verhältnis zu pflegen. Der Sekretärin kommt dabei eine besondere Bedeutung zu. Oft ist sie Dreh- und Angelpunkt der Abteilung, tratscht gern und häufig mit und über Kollegen und ist deshalb mitentscheidend, wie Du gesehen wirst. Dein Ansehen bei den Kollegen ist deshalb so wichtig, da sie es später oft sind, die Dich bei offenen Stellen empfehlen.

Der gute Kontakt bedeutet aber nicht, dass Du auf Firmenveranstaltungen allen in den Armen liegen solltest. Firmenfeste arten zwar häufig aus, doch solltest Du Dich auf diesen zurückhalten und beim Glühweinwetttrinken auf dem Weihnachtsmarkt nicht neue Rekorde aufstellen wollen.

9) **Bitte regelmäßig um Feedback:** Viele Praktikanten erledigen ihre Aufgaben, wissen aber oft nicht, ob die Betreuer mit der Qualität der Arbeit zufrieden sind. Deshalb solltest Du während Deines Praktikums spätestens nach der Hälfte und zum Ende um ein Feedbackgespräch bitten. Darauf solltest Du Dich gut vorbereiten. Notiere Dir die Dinge, die Dir sowohl positiv als auch negativ aufgefallen sind. Du solltest aber auch Deine eigene Leistung reflektieren und einschätzen, wo Deine Stärken, aber auch Deine Schwächen liegen. Bereite Dich zum Beispiel auf die folgende Frage vor, die in nahezu jedem Feedbackgespräch vorkommt: »Was würden Sie anders machen?«

10) **Du solltest ein Praktikum ruhig abbrechen, wenn es überhaupt nicht passt:** Die meisten Praktika sind sehr lehrreich und machen Spaß. Es kann aber durchaus vorkommen, dass Du an ein Praktikum gerätst, das Dich nicht weiterbringt und somit lediglich verschwendete Zeit darstellt. In diesem Fall solltest Du den Mut haben, das Gespräch mit Deinem Praktikumsbetreuer zu suchen. Unzufriedenheit hängt oft mit falscher Aufgabenverteilung zusammen, die sich schnell korrigieren lässt. Ist jedoch auch dann keine Besserung in Sicht, suche das finale Gespräch und breche im Notfall Dein Praktikum ab.

11) **Fordere Dein Praktikumszeugnis rechtzeitig ein:** Dein Zeugnis solltest Du in der Tasche haben, bevor Du Dein Praktikum beendest. Findet die Praktikumsbesprechung noch während Deiner Anwesenheit statt, kannst Du Einfluss auf das Zeugnis nehmen. Gerade bei Auslandspraktika ist dies entscheidend, denn Zeugnisse im Ausland sind deutlich anders als die deutschen, die nur so vor verschlüsselten Floskeln strotzen. Du solltest deshalb die Personalabteilung des ausländischen Unternehmens bitten, genau diese Phrasen deutscher Zeugniszunft einzubauen – notfalls in der Landessprache. Für den Fall, dass das Unternehmen keinen englischen oder deutschen Text verfasst, kannst Du das Zeugnis immer noch zertifiziert übersetzen lassen. Personalabteilungen in Deutschland mangelt es oft am internationalen Blickwinkel, so dass Du auf diese Weise die Frage vermeidest, warum die Volkswagen-Niederlassung in Shanghai so wenige Worte für Dein Praktikumszeugnis gefunden hat.

12) **Verabschiede Dich angemessen:** Der letzte Tag ist einer der wichtigsten Deines Praktikums. Bring zum Abschied unbedingt Kuchen oder Schnittchen mit. Diese Geste kostet zwar ein paar Euro, kommt aber bei den hungrigen Deutschen immer bestens an und hält Dich nachhaltig in Erinnerung. Soll es etwas Individuelleres sein, wähle Speisen, die beispielsweise für Deine Heimatstadt typisch sind. So können es statt Törtchen auch mal die Frankfurter Würstchen sein. Orientiere Dich aber immer daran, was in der Firma üblich ist. Wenn alle Kollegen zum Geburtstag maximal etwas Kleines vom Bäcker mitbringen, serviere nicht das selbstgemachte Drei-Gänge-Menü zur Mittagspause.

Ein Tipp für die Zeit nach dem Praktikum: Auch !
nach Beendigung Deines Praktikums solltest Du versuchen, in
regelmäßigen Abständen Kontakt zu Deinen Kollegen zu halten.
So bist Du immer auf dem Laufenden über die Geschehnisse der
Firma und hörst gegebenenfalls als Erster, wenn neue Stellen
ausgeschrieben werden. Die Kontaktpflege sollte dabei unauf-
geregt und informell sein. Nutze als Medien lieber SMS oder
Facebook und weniger den klassischen Postbrief.

Du hast nun alle Ratschläge während des Studiums befolgt. Du
hast ein exzellentes Studium absolviert, ein Auslandssemester ge-
nossen und hoffentlich mehrere Praktika absolviert. Mit Deiner
Praxiserfahrung steht einer großen Karriere nichts mehr im Weg.
Doch was ist der nächste Schritt? Was machst Du aus Deinem
Erfahrungsschatz? Das letzte Kapitel soll Dir kurz und bündig
zwei Wege aufzeigen.

12
DIE ZUKUNFTSPERSPEKTIVE – DEN BACHELORABSCHLUSS IN DER TASCHE UND JETZT?

Auch wenn dies ein Studienführer ist, so will ich doch auf eine der während des Studiums am häufigsten gestellten Fragen eingehen: »Und was machst Du nach dem Bachelorstudium?« Für einen Studienanfänger ist das absolute Zukunftsmusik. Zwischen dem Start des Studiums und Deinem Berufsstart liegen mehrere Jahre. Deshalb ist dieses Kapitel bewusst kurz gehalten und erklärt weniger Einstiegsgehälter oder Bewerberquoten, die sich in den nächsten Jahren bis zu Deinem Berufsstart ohnehin deutlich ändern können. Es geht vielmehr um Grundsätzliches. Wie lauten die unterschiedlichen Einstiegsprogramme zum Berufsstart? Und was ist ein Masterstudium, das viele Studenten dem Start ins Berufsleben vorziehen? Die kurzen Ausführungen sollten Dir helfen, Deine Gedanken über die berufliche Zukunft schon während des Studiums zu ordnen. Denn neben Spezialisierungsfächern, Praktika und Auslandssemestern ist es ratsam, sich schon frühzeitig während des Studiums mit der Frage zu beschäftigen, was man eigentlich nach dem Studium machen will.

12.1
DER BERUFSEINSTIEG

Nach jahrelangem Studium ist der Wunsch groß, die Erfahrungen in bare Münze umzuwandeln und ins Berufsleben einzusteigen. Im Normalfall bieten sich Dir zwei Optionen: der Direkteinstieg oder das Traineeprogramm. Vor dem Berufsstart steht aber die Bewerbung an, bei der Du Dich keinen Illusionen hingeben solltest. Du bist für die Unternehmen nur einer von mehreren zehntausend BWL-Absolventen, die pro Jahr die Hochschulen verlassen. Dein Paket mit der richtigen Hochschule, einer Anzahl interessanter Praktika und einem Auslandssemester muss deshalb stimmen, um aus der Masse hervorzustechen.

TRAINEEPROGRAMM

Immer häufiger entscheiden sich gerade Großkonzerne, Absolventen als Trainees einzustellen. Doch was verbirgt sich hinter diesem Wort? Als Trainee besetzt Du zum Berufsstart keine feste Stelle, sondern durchläufst während des Programms mehrere Abteilungen. In jeder Abteilung verbringst Du einige Monate, insgesamt dauert das Traineeprogramm – je nach Unternehmen – zwischen zwölf und 24 Monate. Ziel soll sein, Dir einen möglichst umfassenden Einblick in das Unternehmen zu gewähren und Deine Stärken und Interessen herauszufiltern. Es handelt sich sozusagen um eine beidseitige Kennenlernphase. Im Anschluss an das Traineeprogramm sollte idealerweise die Eingliederung in die für beide Seiten beste Abteilung stehen.

Traineeprogramme haben viele Vorteile, jedoch auch einige Nachteile, die in untenstehend zusammengefasst sind.

Vorteile Traineeprogramm

▶ Du kannst – wie das Unternehmen auch – Deine Eignung für verschiedene Unternehmensbereiche überprüfen.

▶ Du erhältst bereits zum Berufsstart einen guten Überblick über Abteilungen, Prozesse und Zusammenhänge des Unternehmens.

▶ Du knüpfst frühzeitig Kontakte in den verschiedenen Abteilungen des Unternehmens.

▶ Trainings und Workshops sind zumeist Bestandteile des Traineeprogramms.

▶ Außerdem wird Dir im Normalfall ein Mentor zur Seite gestellt, der Dich durch das gesamte Programm begleitet.

Nachteile Traineeprogramm

▶ Nicht jede Abteilung ist ausreichend auf Deinen zwei- bis viermonatigen Kurzeinsatz vorbereitet. So kann es sein, dass Du unbedeutende Arbeiten erhältst.

▶ Dein zukünftiger Einsatzort ist noch nicht definiert. Insofern musst Du unter Umständen flexibel sein, was Deinen späteren Beschäftigungsort und -bereich betrifft.

▶ Das Gehalt ist geringer als beim Direkteinstieg.

▶ Nicht alle Trainees werden übernommen. Vielfach kämpfen mehrere Trainees um eine geringere Zahl an Stellen. So kann es sein, dass Du nach zwei Jahren, wenn Deine Traineezeit abläuft, nicht zu den Auserwählten gehörst und Du keinen Anschlussvertrag erhältst. Erkundige Dich deshalb im Vorfeld nach der geplanten Übernahmequote der Trainees.

DER DIREKTEINSTIEG

Als Direkteinsteiger nimmst Du von Anfang an eine Planstelle ein und bist fest in die Unternehmensorganisation eingebunden. Die Einarbeitung erfolgt durch die tagtägliche Arbeit, wobei Du eine angemessene Einarbeitungszeit und regelmäßige Feedbackgespräche einfordern solltest. Einblicke in andere Abteilungen sowie spezifische Seminare sind hier nicht automatisch vorgesehen. Das Wissen musst Du Dir durch das Tagesgeschäft aneignen. Somit hat auch der Direkteinstieg seine Vor- und Nachteile:

Vorteile Direkteinstieg

▶ Du hast von Anfang an größere Projekte und Aufgaben.

▶ Du kannst Dich länger in ein Themengebiet einarbeiten.

▶ Bei einem Direkteinstieg wird in der Regel ein höheres Gehalt gezahlt.

▶ Du erhältst meistens einen unbefristeten Arbeitsvertrag.

Nachteile Direkteinstieg

▶ Du bist vom ersten Tag an auf Deinen Arbeitsbereich festgelegt.

▶ Das Netz an Kontakten, das Du bei einem Traineeprogramm automatisch knüpfst, muss Du Dir im Tagesgeschäft erarbeiten.

▶ Schulungen und Mentorenprogramme sind nicht Standard, wenn Du als Direkteinsteiger in einem Unternehmen anfängst.

▶ Du musst Dir den Gesamtüberblick über das Unternehmen selbstständig erarbeiten, während ein Trainee diesen nebenher gewinnt.

FAZIT

Wenn Du Dir bereits völlig im Klaren bist, was Dich interessiert, dann ist vermutlich der Direkteinstieg der richtige Weg. Um herauszufinden, ob die beworbene Stelle auch tatsächlich die richtige ist, solltest Du Dir im Bewerbungsprozess immer zwei Fragen vor Augen führen:

▶ **WELCHES TÄTIGKEITSGEBIET BEVORZUGST DU?**

▶ **WIE WICHTIG SIND DIR FLEXIBILITÄT BEZIEHUNGS- WEISE NEUE EINSATZORTE UND -BEREICHE?**

Wenn Du noch nicht weißt, in welche Richtung Du genau gehen willst, kann ich Dir zum Traineeprogramm raten. Entscheidend ist der Inhalt des Programms. Hier solltest Du in Gesprächen gezielt nachfragen, um die konkreten Inhalte eines Traineeprogramms zu erfahren.

▶ **WIE VIELE ABTEILUNGEN DURCHLÄUFST DU?**

▶ **ERHÄLTST DU KONKRETE PROJEKTE?**

▶ **GIBT ES EIN MENTOREN- UND FEEDBACKSYSTEM?**

Traineeprogramme sind für Dich nur dann wirklich sinnvoll, wenn Du tatsächlich eine große Brandbreite an Tätigkeiten erlebst, mit verantwortungsvollen Projekten betraut wirst und nicht von Abteilung zu Abteilung (ab-)geschoben wirst.

EXKURS: DAS PRAKTIKUM VOR DEM BERUFSSTART ALS NOTLÖSUNG

Viele Absolventen finden nicht auf Anhieb einen Job und legen deshalb nach dem Studium ein weiteres Praktikum ein. Für mich kann dies nur die Notfalloption sein. Das Praktikum nach Abschluss Deines Bachelorstudiums ist ein Rückschritt und ist meiner Meinung nach nur in zweierlei Fällen sinnvoll:

1)Wenn Du es während des Studiums verpasst hast, über Praktika oder Werkstudententätigkeiten ausreichend Praxiserfahrung zu sammeln. Damit Dein Praktikum nach dem Bachelorabschluss bei späteren Bewerbungen nicht negativ auffällt, solltest Du versuchen, ein Auslandspraktikum einzulegen. Die zusätzliche Lebenserfahrung, die Du durch das Auslandspraktikum erhältst, wird Dir in jedem Vorstellungsgespräch positiv angerechnet werden.

2) **Wenn Du berechtigte Hoffnung auf eine Übernahme nach dem Praktikum haben kannst.** Ist das Praktikum tatsächlich für ein Unternehmen eine Art Vorauswahl und letzte Prüfung vor der Festanstellung, dann kann Dein Praktikum durchaus sinnvoll sein. Hier gilt es, das Praktikumsunternehmen gezielt auf dieses Thema anzusprechen.

12.2
DAS MASTERSTUDIUM
ALS ALTERNATIVE

Zum Sprung ins kalte Wasser des Berufslebens gibt es eine Alternative: das Masterstudium. Viele Studenten sehen sich nach dem Bachelorstudium noch nicht am Ende ihrer Studienkarriere und beginnen mit dem Master als Aufbaustudium.

Der Master ist ein viersemestriges Aufbaustudium, das den Bachelor als Zugangsvoraussetzung hat. Ziel ist die Spezialisierung auf – je nach Hochschule – ein oder zwei Spezialgebiete der BWL. Das Masterprogramm der Universität Münster etwa ermöglicht eine Spezialisierung in Accounting, Finance, Management oder Marketing und schließt mit dem Titel **MASTER OF SCIENCE** ab. Nach heutigem Stand kann ich Dir ein aufbauendes Masterstudium durchaus empfehlen und dies aus verschiedenen Gründen:

Auf bestimmte Stellen kannst Du Dich ausschließlich mit einem Masterstudium bewerben. Der Mittelstand geht heutzutage bei einigen Stellen lieber auf Nummer sicher und wählt Master- statt Bachelorabsolventen. Der Grund ist verständlich. Wenn ein kleineres Unternehmen jedes Jahr nur drei bis vier neue Mitarbeiter einstellt, muss sichergestellt sein, dass diese exzellentes Fachwissen mitbringen. Großkonzerne mit zweihundert bis dreihundert Neueinstellungen können Fehlgriffe leichter verschmerzen.

Du sammelst weitere Praxiserfahrung. In den Masterstudiengängen wird viel Wert auf die Einbindung von Unternehmen gelegt. Fallstudien machen einen großen Teil der Studienzeit aus und helfen Dir, einen Einblick in unterschiedliche Branchen zu bekommen und gute Anregungen für Deinen beruflichen Alltag zu erhalten.

Die fundierte Spezialisierung eines Masterstudiums wird Dir einen besseren Berufseinstieg ermöglichen. Gerade in Bereichen wie Steuern oder Finanzen sind Detailkenntnisse zum Start von großem Vorteil, so dass Du gegebenenfalls höher bezahlte Stellen mit mehr Verantwortung bekleidest als dies als Bachelorabsolvent der Fall wäre.

Die Mastergehälter liegen laut der Karriereplattform www.squeaker.net zwischen 15 und zwanzig Prozent höher als die Gehälter von Bachelorabsolventen. Noch gibt es keine verlässlichen Statistiken, wie die weiteren Karrierewege von Bachelor- und Masterabsolventen verlaufen. Du solltest diese Entwicklung jedoch in den nächsten Jahren im Auge behalten, um diese Dimension bei Deiner Entscheidung zu berücksichtigen.

Eines sollte nicht unerwähnt bleiben: Aktuell gibt es deutlich zu wenig Plätze für ein BWL-Masterstudium an deutschen Hochschulen. Mit der Einführung der neuen Studiengänge ist in Deutschland der Bachelor formal zum Regelabschluss geworden. Alles, was darüber hinausgeht – also auch ein Master –, gehört nicht mehr zur Grundversorgung und wurde von den Hochschulen mit deutlich geringeren Studentenzahlen geplant. Das Angebot für die aktuellen Bachelorabsolventen ist folglich schmal, die Nachfrage übersteigt das Angebot um ein Vielfaches.

Solltest Du Dich aber deshalb mehrere Jahre vor dem möglichen Start Deines Masterstudiums verrückt machen? Die Entscheidung für oder gegen ein Masterstudium triffst Du nicht zum Start Deines BWL-Studiums. Das System der Masterstudiengänge wird sich weiter verändern. Beobachte während Deines Studiums die Entwicklung am Arbeitsmarkt und an der Masterstudienfront und mach Dir ein eigenes Bild.

12.3
DER AUSBLICK AUF DAS BERUFSLEBEN

Egal ob ein Bachelor- oder Masterabschluss, nach Deinem BWL-Studium erwartet Dich ein breites Spektrum an Berufsmöglichkeiten. Viele Jobs, die von BWLern bekleidet werden, bieten interessante Einstiegsgehälter und gute Aufstiegsmöglichkeiten. So kannst Du schon in frühen Jahren – wenn Du nicht wie ich ins Marketing gehst, sondern die Finanzbranche wählst – viel Geld verdienen und, wie es der Buchtitel verspricht, viel Kohle machen.

Zum Berufsstart heißt es aber erst mal: Ohren auf. Gerade bei Deinem ersten Arbeitgeber wirst Du eine Menge lernen, deshalb wähle diesen mit Bedacht. Schon während Deiner Praktika wirst Du gemerkt haben, ob Dir eher der Großkonzern oder das klein- oder mittelständische Unternehmen liegt. Und ob Du lieber einen klassischen Bürojob mit geregelten Arbeitszeiten oder doch das Beraterleben bevorzugst.

Wenn Du wissbegierig bleibst, hast Du in jeder Unternehmens- und Arbeitsform als BWLer gute Karrierevoraussetzungen. Die Angst, dass nur die Hochintelligenten Karriere machen, kann ich Dir nehmen. In entscheidenden Positionen sitzen nicht immer die vermeintlich Schlauesten. Unternehmensführer haben ihre Entwicklung eher geschicktem Verhalten, mutigen Entscheidungen, vor allem aber Engagement zu verdanken. Mein Tipp lautet deshalb, Dich nicht zu früh auf eine Position und einen Karriereweg festzulegen. Halte die Augen offen und probiere Neues aus. Das Leben ist eine Verkettung von Zufällen. Erfolgreich bist Du dann, wenn Du diese zufällig entstehenden Chancen erkennst und nutzt.

13
DAS FAZIT

Du bist am Ende des Buches angelangt. Die vorangegangenen 240 Seiten dieses Ratgebers haben Dir hoffentlich eine Vielzahl von Tipps und Tricks rund um das BWL-Studium mit an die Hand gegeben. Nach der Lektüre des Buches kennst Du nun die verschiedenen Bausteine, die für einen gut ausgebildeten BWL-Absolventen wichtig sind. Viele Studenten legen ihre Aufmerksamkeit ausschließlich auf das Bachelorstudium und vergessen dabei, dass Praktika und sonstige Zusatzqualifikationen von mindestens gleich großer Bedeutung für die spätere Karriere sind. Nur wenn Du alle beschriebenen Dimensionen – vom Studium über Zusatzqualifikationen und Praktika bis hin zum Auslandssemester – abdeckst, wirst Du später bei Bewerbungen begeistern können.

Darüber hinaus hast Du einen Eindruck von den Menschen erhalten, die Dir während des BWL-Studiums begegnen oder begegnen werden. Diese Informationen sind ebenfalls von großer Bedeutung. Gute Noten, lehrreiche Praktika und zahlreiche Auslandserfahrungen sind nur eine Voraussetzung für Erfolg. Eine andere macht Deine im Studium gewonnene Lebenserfahrung aus. Das Zusammenleben und –arbeiten mit anderen BWL-Studenten ist herausfordernd und wird Dich nachhaltig prägen. Das Wissen über das Freizeitverhalten, die Macken und Kleidungsstile der BWLer klingt banal, ist aber nicht nur für das Studium, sondern auch für das spätere Berufsleben wichtig, denn dort werden Dir immer wieder BWLer begegnen. Wenn Du ihren sozialen Code ent-schlüsseln kannst, findest Du deutlich einfacher Zugang zu diesen Menschen und kannst sie für Dich und Deine Ideen begeistern.

Nun liegt es an Dir, aus den Tipps das herauszufiltern, was Dir in Deinem Studium oder bei der späteren Zusammenarbeit mit anderen BWLern weiterhilft. Ich wünsche Dir dabei viel Erfolg, aber vor allem: viel Spaß!

14
WEITERFÜHRENDE INFORMATIONEN

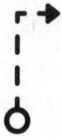

Hier findest Du eine Auflistung der Hochschulen in Deutschland (Stand Januar 2013), an denen Du BWL studieren kannst. [22]

BWL-STUDIUM AN UNIVERSITÄTEN

Baden Württemberg:

- Uni Mannheim
- Uni Stuttgart
- Uni Tübingen
- (Uni Freiburg: BWL-Public and Non-Profit-Management)

Bayern:

- Uni Bamberg
- Uni Bayreuth
- Uni Eichstätt-Ingolstadt
- Uni Erlangen-Nürnberg
- LMU München, TU München
- Uni Regensburg
- Uni Würzburg

---

22 Quelle: www.studiengang-bwl.de (abgerufen 21. Februar 2013)

Berlin:

- Freie Universität Berlin
- Hochschule für Technik und Wirtschaft Berlin
- Humboldt Universität Berlin

Brandenburg:

- TU Cottbus
- Uni Frankfurt (Oder)
- Uni Potsdam

Bremen:

- Uni Bremen

Hamburg:

- UBW Hamburg

Hessen:

- TU Darmstadt
- Uni Frankfurt am Main
- Uni Gießen
- Uni Marburg

Mecklenburg-Vorpommern:

- Uni Greifswald

Niedersachsen:

- PFH Göttingen
- TU Clausthal

- Uni Göttingen
- Uni Hannover
- Uni Lüneburg

NRW:
- RWTH Aachen
- Uni Duisburg-Essen
- Uni Düsseldorf
- Uni Köln
- Westfälische Uni Münster
- Uni Paderborn
- Uni Siegen

Rheinland-Pfalz:
- Uni Mainz
- Uni Trier

Saarland:
- Uni Saarbrücken

Sachsen:
- TU Dresden
- TUBergAk Freiberg
- Uni Leipzig

Sachsen-Anhalt:
- Uni Halle-Wittenberg
- Uni Magdeburg

Schleswig-Holstein:

- Uni Kiel

Thüringen:

- TU Ilmenau
- Uni Jena

BWL-STUDIUM AN FACHHOCHSCHULEN

Baden-Württemberg:

- Hochschule Aalen – Technik und Wirtschaft
- Hochschule Albstadt-Sigmaringen
- Hochschule Biberach – Hochschule für Architektur und Bauwesen, Betriebswirtschaft und Biotechnologie
- Hochschule Esslingen
- Hochschule Furtwangen – Informatik, Technik, Wirtschaft, Medien
- Hochschule Heilbronn – Technik, Wirtschaft, Informatik
- Hochschule Karlsruhe – Technik und Wirtschaft
- Hochschule Konstanz – Technik, Wirtschaft und Gestaltung
- Hochschule Mannheim
- Hochschule für Wirtschaft und Umwelt
- Hochschule für Technik, Wirtschaft und Medien Offenburg
- Hochschule Pforzheim – Gestaltung, Technik, Wirtschaft und Recht
- Hochschule Ravensburg-Weingarten
- Hochschule Reutlingen – Hochschule für Technik und Wirtschaft
- Hochschule für Forstwirtschaft Rottenburg
- Duale Hochschule Baden-Württemberg

Bayern:

- Hochschule für angewandte Wissenschaften – Fachhochschule Amberg-Weiden
- Fachhochschule Ansbach
- Hochschule für angewandte Wissenschaften – Fachhochschule Aschaffenburg
- Hochschule für angewandte Wissenschaften – Fachhochschule Augsburg
- Hochschule für angewandte Wissenschaften – Fachhochschule Coburg
- Fachhochschule Deggendorf
- Fachhochschule für angewandtes Management
- Hochschule für angewandte Wissenschaften – Fachhochschule Hof
- Hochschule für angewandte Wissenschaften – Fachhochschule Ingolstadt
- Hochschule für angewandte Wissenschaften – Fachhochschule Kempten
- Hochschule für angewandte Wissenschaften – Fachhochschule Landshut
- Hochschule für angewandte Wissenschaften – Fachhochschule München
- Hochschule für angewandte Wissenschaften, Fachhochschule Neu-Ulm
- Georg-Simon-Ohm-Hochschule für angewandte Wissenschaften – Fachhochschule Nürnberg
- Hochschule für angewandte Wissenschaften – Fachhochschule Regensburg

- Hochschule für angewandte Wissenschaften –
  Fachhochschule Rosenheim
- Fachhochschule Weihenstephan
  Fachhochschule Würzburg – Schweinfurt

Berlin:
- Alice Salomon Hochschule Berlin
- Beuth Hochschule für Technik Berlin
- European School of Management and Technology
- Hochschule für Technik und Wirtschaft Berlin
- Hochschule für Wirtschaft und Recht Berlin
- International Business School Berlin

Brandenburg:
- Fachhochschule Brandenburg
- Fachhochschule Eberswalde
- Hochschule Lausitz (FH)
- Fachhochschule Potsdam
- Technische Fachhochschule Wildau

Bremen:
- Hochschule Bremen
- Hochschule Bremerhaven

Hamburg:
- Hochschule für Angewandte Wissenschaften Hamburg

Hessen:

- Hochschule Darmstadt
- Fachhochschule Frankfurt am Main
- Hochschule Fulda – University of Applied Sciences
- Fachhochschule Gießen-Friedberg
- Fachhochschule Wiesbaden

Mecklenburg-Vorpommern:

- Hochschule Neubrandenburg – University of Applied Sciences
- Fachhochschule Stralsund
- Hochschule Wismar – University of Applied Sciences: Technology, Business and Design

Niedersachsen:

- Fachhochschule Braunschweig / Wolfenbüttel
- Fachhochschule Hannover
- Fachhochschule für die Wirtschaft Hannover
- Fachhochschule Oldenburg / Ostfriesland/ Wilhelmshaven
- Fachhochschule Osnabrück
- Private Fachhochschule für Wirtschaft und Technik Vechta/ Diepholz
- Jade Hochschule Wilhelmshaven / Oldenburg / Elsfleth
- Hochschule Emden / Leer

NRW:

- Fachhochschule Aachen
- Fachhochschule Bielefeld – University of Applied Sciences
- Fachhochschule des Mittelstandes (FHM)

- Hochschule Bochum – Bochum University of Applied Sciences
- Hochschule Bonn-Rhein-Sieg
- Fachhochschule Dortmund
- Fachhochschule Düsseldorf
- Fachhochschule Gelsenkirchen
- Fachhochschule Köln
- Rheinische Fachhochschule Köln
- Fachhochschule Münster
- Hochschule Niederrhein
- Hochschule Ostwestfalen-Lippe
- Fachhochschule der Wirtschaft
- Evangelische Fachhochschule Rheinland-Westfalen-Lippe
- Fachhochschule Südwestfalen

Rheinland-Pfalz:
- Fachhochschule Bingen
- Fachhochschule der Deutschen Bundesbank
- Fachhochschule Kaiserslautern
- Fachhochschule Koblenz
- Fachhochschule Ludwigshafen, Hochschule für Wirtschaft
- Fachhochschule Mainz
- Fachhochschule Trier, Hochschule für Technik, Wirtschaft und Gestaltung
- Fachhochschule Worms

Saarland:
- Hochschule für Technik und Wirtschaft des Saarlandes

Sachsen:

- Hochschule für Technik und Wirtschaft Dresden (FH)
- Hochschule für Technik, Wirtschaft und Kultur Leipzig
- Hochschule Mittweida (FH)
- Hochschule Zittau / Görlitz (FH)
- Westsächsische Hochschule Zwickau

Sachsen-Anhalt:

- Hochschule Anhalt (FH)
- Hochschule Harz (FH)
- Hochschule Magdeburg-Stendal (FH)
- Hochschule Merseburg (FH)

Schleswig-Holstein:

- Fachhochschule Flensburg
- Fachhochschule Kiel
- Fachhochschule Lübeck
- Fachhochschule Wedel
- Fachhochschule Westküste,
  Hochschule für Wirtschaft und Technik

Thüringen:

- Fachhochschule Erfurt
- Fachhochschule Jena
- Fachhochschule Nordhausen
- Fachhochschule Schmalkalden

BWL-STUDIUM AN PRIVATEN HOCHSCHULEN

Prinzipiell alle kostenpflichtig, manche unter ihnen bieten aber ein duales Studium an (siehe Liste), in dessen Rahmen die Kosten von den Unternehmen getragen werden.

Business Schools, die nur MBA anbieten, sind nicht aufgeführt.

- IB-Hochschule Berlin
- bbw Hochschule Berlin
- SRH Hochschule Berlin (auch andere Standorte)
- University of Management and Communication (FH) (Potsdam)
- HSBA Hamburg School of Business Administration
- ISS International Business School of Service Management Hamburg
- accadis Hochschule Bad Homburg
- Wilhelm Büchner Hochschule – Private Fernhochschule Darmstadt
- Frankfurt School of Finance and Management
- Provadis School of International Management and Technology (Hessen)
- Hochschule Fresenius (Köln)
- DIPLOMA Fachhochschule Nordhessen
- Baltic College (Schwerin)
- Private Fachhochschule Göttingen
- Internationale Fachhochschule Bad Honnef – Bonn
- EBZ Business School – University of Applied Sciences (Bochum)
- Hochschule der Sparkassen-Finanzgruppe, University of Applied Sciences, Bonn GmbH

- Europäische Fachhochschule Rhein / Erft, European University of Applied Sciences
- International School of Management (verschiedene Standorte: Dortmund, Frankfurt am Main, München, Hamburg)
- Fachhochschule für Oekonomie & Management (FOM) Staatlich anerkannte Fachhochschule für Berufstätige (verschiedene Standorte)
- BiTS, Business and Information Technology School gGmbH (verschiedene Standorte, Iserlohn, Berlin, Hamburg)
- Private FernFachHochschule Sachsen
- DIU Dresden – International University GmbH
- Private Fachhochschule Dresden
- AKAD Fachhochschule (verschiedene Standorte: Leipzig, Stuttgart, Berlin, Augsburg)
- Nordakademie – Hamburg-Elmshorn
- Adam-Ries-Fachhochschule (Düsseldorf, Erfurt, München)
- RFH Köln

Ergänzungen, übernommen aus: **www.privathochschulen. net/studiengaenge/bwl-und-business-administration/ betriebswirtschaft**

- Präsenzstudium, Duales System (in Erding)
- Best Sabel Berlin
- Europäische Fernhochschule Hamburg
- Steinbeis Hochschule Berlin
- FHDW (Hannover, Bielefeld, Paderborn)
- FHWT Oldenburg
- Alanus Hochschule
- TFH Bochum
- WHU
- FH Wedel
- EBS

BWL-STUDIUM AN DUALEN HOCHSCHULEN:

Es gibt fast zweihundert Hochschulen, die ein duales Studium anbieten. Beispielhaft seien hier nur einige aufgeführt. Ein umfangreiches Verzeichnis der Hochschulen findest Du unter: **www. duales-studium.de/hochschulen.**

Ein duales BWL-Studium bieten zum Beispiel folgende Hochschulen an:

- Duale Hochschule Baden-Württemberg (acht Standorte in BW)
- Provadis School of International Management and Technology (Hessen)
- Georg-Simon-Ohm-Hochschule für angewandte Wissenschaften – Fachhochschule Nürnberg
- HSBA Hamburg School of Business Administration
- Europäische Fachhochschule Rhein / Erft, European University of Applied Sciences
- Nordakademie Hamburg-Elmshorn
- Adam-Ries-Fachhochschule (Düsseldorf, Erfurt, München)
- FHWT Oldenburg
- RFH Köln

15
LITERATUR- UND
QUELLENVERZEICHNIS

Grotehusmann, Sabine: **Der Prüfungserfolg.**
Die optimale Prüfungsvorbereitung für jeden
Lerntyp. Darmstadt, Gabal Verlag, 2008.

Herrmann, Angela: **Der Känguru-Effekt. Mit Riesen-**
sprüngen studieren und dabei fröhlich bleiben.
Berlin, uni-edition, 2008.

Isserstedt, Wolfgang; Middendorff, Elke; Kandula Maren;
Borchert, Lars; Leszczensky, Michael: **Die wirtschaftliche**
und soziale Lage der Studierenden in der Bundes-
republik 2009. Bonn, Bundesministerium für Bildung und
Forschung, 2010.

Krengel, Martin: **Bestnote: Lernerfolg verdoppeln,**
Prüfungsangst halbieren. Berlin, Eazybookz, 2012.

Püttjer, Christian und Schnierda, Uwe: **Das große Bewer-**
bungshandbuch. Frankfurt, Campus Verlag, 2012.

Spitzer, Manfred: **Lernen. Gehirnforschung und die**
Schule des Lebens. Darmstadt, Wissenschaftliche
Buchgesellschaft, 2002.

Spoun, Sascha: **Erfolgreich studieren.** München, Pearson Studium, 2004.

Zuchowski, Elke: **Überzeugen Sie. Jetzt!** Frankfurt, Campus Verlag, 2011.

INTERNETQUELLEN (Stand 21. Februar 2013)**:**

allmaxx.de/students-only

karriere.unicum.de/praktikum

nc-werte.info

ranking.zeit.de/che2012/de

ranking.zeit.de/che2012/de

studiengang-bwl.de

www.auslandsbafoeg.de

www.auslandsstipendien.de

www.auswahlgrenzen.de

www.bafoeg.bmbf.de

www.bafoeg-rechner.de

www.bafoeg-rechner.de/FAQ/ausland.php

www.bdsu.de

www.betriebswirtschaftslehre.de/definition-bwl

www.bigredonline.de

www.bmfsfj.de

www.college-contact.com

www.couchsurfing.org

www.daad.de

www.duales-studium.de

www.eardex.com

www.eca-international.com

www.geizstudent.de

www.ieconline.de

www.immobilienscout24.de/wohnen

www.internships.com

www.isic.de

www.jcnetwork.de

www.jobmensa.de

www.jobvote.com

www.kfw.de

www.kununu.de

www.linkedin.com

www.monster.de

www.myaiesec.net/auslandspraktikum

www.mystipendium.de

www.nc-werte.info

www.praktikum.de

www.praktikum.info

www.praktikumsanzeigen.info

www.ruhr-uni-bochum.de/borakel

www.sparcampus.de

www.stepstone.de

www.stern.de/wirtschaft/immobilien/tipps-fuer-die-wohnungssuche-wie-sie-eine-guenstige-wohnung-finden-1752363.html

www.stipendienlotse.de

www.stipendien-usa.de

www.studentenjobs24.de

www.studentenrabatte.de

www.studenten-spartipps.de

www.studententarife.org

www.studenten-wg.de

www.studentjob.de

www.studienkredite.de

www.studis-online.de

www.studis-online.de/StudInfo/Studienfinanzierung/jobben.php

www.top100.de

www.unicum.de/studienzeit/service/lebenskostenrechner

www.unideal.de/studentenrabatte

www.wg-cast.de

www.wg-gesucht.de

www.wg-spion.de

www.wiwiss.fu-berlin.de/studium-lehre/bachelor/bwl/
BWL-Bachelor_03_2011_final.pdf?1353075302

www.wiwiss.fu-berlin.de/studium-lehre/bachelor/studieninhalte/
inhalte-bwl

Wenn BWL doch nichts für Dich ist, dann hat
Eden Books auch noch andere Ideen für Deine Zukunft!

Inga Lüders
UND IN FÜNF JAHREN SCHREIB ICH BUCHKRITIKEN
Was man wissen muss, bevor man Germanistik studiert
192 Seiten | Taschenbuch | 12,5x19 cm | 9,95 € (D), 10,30 € (A)
ISBN: 978-3-944296-07-4

Ronja Spießer
UND IN FÜNF JAHREN LASSE ICH GERECHTIGKEIT WALTEN
Was man wissen muss, bevor man Jura studiert
208 Seiten | Taschenbuch | 12,5x19 cm | 9,95 € (D), 10,30 € (A)
ISBN: 978-3-944296-13-5

Fenne große Deters
UND IN FÜNF JAHREN VERSTEHE ICH DIE MENSCHEN
Was man wissen muss, bevor man Psychologie studiert
208 Seiten | Taschenbuch | 12,5x19 cm | 9,95 € (D), 10,30 € (A)
ISBN: 978-3-944296-14-2

Impressum

Eden Books ist ein Verlag der Edel Germany GmbH
© 1. Auflage 2013 Edel Germany GmbH,
Neumühlen 17, 22763 Hamburg
www.edenbooks.de | www.facebook.com/EdenBooksBerlin
www.edel.com

Projektkoordination: Franziska Klün
Lektorat: Alexandra Hölscher
Umschlaggestaltung, Layout, Herstellung und Satz:
Bon Bon Büro, Berlin | www.bonbonbuero.de

Druck und Bindung: optimal media GmbH,
Glienholzweg 7, 17207 Röbel/Müritz

Printed in Germany

ISBN 978-3-944296-06-7